菏泽医学专科学校实验系列教材

U0879229

生理学实验指导

（第 3 版）

主　编　刘慧霞　闫长虹

副主编　闫秀英　吕　昆　陈　文

编　委（按姓名汉语拼音排序）

陈　文（菏泽医学专科学校）
陈宝琅（菏泽医学专科学校）
刘荷珍（菏泽市立医院）
刘慧霞（菏泽医学专科学校）
刘卫东（菏泽医学专科学校）
吕　昆（菏泽医学专科学校）
王　明（菏泽市立医院）
吴　林（菏泽医学专科学校）
吴福轩（菏泽市立医院）
刑乾乾（菏泽医学专科学校）
闫长虹（菏泽医学专科学校）
闫秀英（菏泽医学专科学校）
赵占荣（菏泽市第二人民医院）

北京大学医学出版社

SHENGLIXUE SHIYAN ZHIDAO

图书在版编目（CIP）数据

生理学实验指导/刘慧霞，闫长虹主编．—3版．
—北京：北京大学医学出版社，2016.8（2023.1重印）
菏泽医学专科学校实验系列教材
ISBN 978-7-5659-1439-3

Ⅰ.①生…　Ⅱ.①刘…②闫…　Ⅲ.①生理学-实验-医学院校-教材　Ⅳ.①Q4—33

中国版本图书馆CIP数据核字（2016）第177310号

生理学实验指导（第3版）

主　　编： 刘慧霞　闫长虹
出版发行： 北京大学医学出版社
地　　址：（100191）北京市海淀区学院路38号　北京大学医学部院内
电　　话： 发行部 010-82802230；图书邮购 010-82802495
网　　址： http://www.pumpress.com.cn
E - mail： booksale@bjmu.edu.cn
印　　刷： 北京溢漾印刷有限公司
经　　销： 新华书店
责任编辑： 韩忠刚　**责任校对：** 金彤文　**责任印制：** 李　啸
开　　本： 787 mm×1092 mm　1/16　**印张：** 7.25　**字数：** 180千字
版　　次： 2016年8月第3版　2023年1月第6次印刷
书　　号： ISBN 978-7-5659-1439-3
定　　价： 15.00元
版权所有，违者必究
（凡属质量问题请与本社发行部联系退换）

前　言

本实验指导在吸收经典的生理学实验的基础上，修改完善了部分实验项目和内容，增添了新的实验项目，强化了实验的科学性和可行性。其中改进最大的部分是实验仪器的使用。目前计算机技术已广泛应用于生理学实验教学中，以计算机为中心的生物信号处理系统代替了传统的实验仪器，既简化了实验装备，又提高了实验质量，但现行的实验教材仍基于旧的实验设备和实验手段组织内容，给实验教学工作带来许多不便。本教材以 BL－420F 生物机能实验系统为主要记录手段，介绍相关实验。

本实验指导由总论和各论两部分组成，共分 15 章。总论有绪论、微机化生物信号记录技术和生理学动物实验基本操作技术、常用的动物基本手术方法 4 章。各论共 11 章，由 45 项常用生理学实验、1 项综合实验和实验设计组成。编排顺序与统编理论教材进度一致。

由于我们的水平有限，编写时间仓促，书中一定存在着不少缺点和错误，恳请各位老师、同学和同仁不吝指正。我们将在今后的教学过程中，逐步修改完善，以适应新世纪生理实验教学的需要。

编者

2016 年 4 月

目 录

总 论

各 论

总　　论

第一章 绪 论

生理学是一门实验性科学，生理学实验是获取生理学知识的重要途径。生理学实验课的目的，在于验证和探讨某些生理学规律，并通过实验，学习动物实验的基本技能和现代生物信号记录设备的使用，为其他相关课程及后续课程的学习以及毕业后进行科研活动打下基础，同时也培养了观察问题、分析问题、解决问题的能力，养成严谨、求实的科学态度和工作作风。

一、实验课的要求

（一）实验前

1. 仔细预习实验指导，了解实验目的、要求、实验步骤和操作程序。

2. 结合实验内容，复习有关理论，以便对实验各环节中可能出现的结果做出科学的预测。

3. 预估实验中可能出现的误差。

（二）实验中

1. 认真操作，仔细观察，积极思考。按照实验指导所列的实验步骤循序操作，及时记录实验现象和数据，并就实验现象深入思考，如实验条件与现象之间的关系及其可能的机制。

2. 实验小组成员要明确分工，互相配合。

3. 实验所用的器材必须摆放整齐、布局得当、合理使用、节约和爱护。

（三）实验后

1. 须将实验用具整理就绪，器械逐件清点，擦洗干净。有损坏、短缺时，应立即报告指导教师或实验室管理人员。临时借用的器械物品，用毕应清点、清洁后交付教师或实验室管理人员。

2. 整理实验记录，认真撰写实验报告，及时送交教师评阅。

二、实验结果的形式及处理

实验过程中所出现的结果须进行认真整理和科学分析，由于试剂、动物种类及仪器规格的不同，或操作中的误差，出现与预期不同的结果亦属难免。应仔细寻找原因，防止做出错误结论。凡属测量结果，例如轻重、长短、快慢、多少、高低、幅度、频率等，均应定量写明具体的单位数值。能用曲线记录的结果，应首选采用，并在曲线上注明时间、刺激、加某种试剂的记号，以便于分析。

有些实验结果可用表格或绘图表示。制表时应将观察项目列于表格左侧，如各种刺激条件。右侧顺序描写各项结果变化数值，可附简要说明。绘图时应注意：①在图旁列出数值表格；②标明坐标轴所代表的数值与单位，通常横轴表示各刺激条件或时间，纵轴表示出现的反应与结果；③应对坐标轴做剂量单位等相应说明；④应选择适当大小的标度以便于作图，并根据图的大小确定坐标轴长短；⑤经过各点的曲线或折线力求光滑，若非连续性变化，亦可用柱形表示；⑥图的下方注明实验条件。

三、生理学实验报告的要求和格式

1. 无论自己操作、分组进行或示教实验，每人均须按时独立写出实验报告，及时由班长或课代表汇集交指导老师评阅。期末应将全部报告汇集成册，作为平时成绩考核参考。

2. 实验报告要求文字通顺、简练、概念确切。切忌与科学结论无关的冗杂过程描述。

3. 实验报告要求书写清楚端正，标点符号正确。应包括以下各项目：

（1）姓名、班级、组别、日期、室温、气压。

（2）实验号数和题目、实验目的、实验原理、实验对象。

（3）实验方法可做简要说明或不描述。

（4）实验结果是报告中最重要的部分，应将实验过程中所观察到的现象及时准确记录，不能单凭事后记忆，以避免出现误差或遗漏。

（5）根据已知理论知识对实验结果进行讨论和分析，是验证理论和评价实验结论精确与否的重要环节。对于非预期的结果，应考虑分析其可能的原因，实验结论是从实验结果中确凿证实并归纳出一般性、概括性的判断，即每项实验所能验证的概念、原则或理论的简明总结。不要罗列具体结果，不得写入实验中未能充分证实的臆测或不确结论。实验的讨论和结论是培养创造性思维及科学工作作风的重要环节。应严肃认真，切忌盲目抄袭书本或别人现成的结论。

实验报告一般格式如下：

生理学实验报告

姓名　　　　班级　　　　组别　　　　日期　　　　室温　　　　气压

实验号数和题目

实验目的

实验对象

实验方法

实验结果

讨　　论

结　　论

四、实验室守则

1. 严守学习纪律，准时进入实验室，实验课不得早退，特殊情况应向指导教师请假。

2. 按指导教师安排和实验指导要求，严肃、认真地进行实验操作，不得进行与实验无关的活动。

3. 讲话轻声，提问举手，保持实验室安静有序，不得影响别人实验。

4. 各组仪器、器件及实验动物、试剂等由各组专管专用，不得与别组擅自调换，以免造成混乱。如遇仪器缺损或机件失灵，应报告指导教师或实验室技术人员更换或修理，不得自行拆卸。实验动物如需补充，须经有关老师同意。

5. 爱护公物，节省器材、试剂，严格按照操作规程使用仪器。

6. 保持实验室清洁整齐。与实验无关的物品不得带入实验室。做好实验善后工作。

各组要清点、洗净实验器材，如有缺损时应登记并报告指导教师。动物脏器、废品及纸片、棉球等，应集中置于指定污物桶。实验室及桌面均应收拾干净，注意勿乱扔污物，防止堵塞下水道。

（陈宝琅）

第二章　微机化生物信号记录技术

微机化生理实验教学系统，是通过配置在微型计算机上的多通道生物信号记录系统，对来自于生物在体或离体器官的生物电、压力或张力等信号进行采集、放大、显示、记录与处理，从而得到实验数据、达到实验目的的高度集成化的综合实验系统。它替代了传统的相互分离的刺激器、放大器、示波器、记录器等多种仪器，成为精确而易用的生物信号记录系统。本书简要介绍当前最普遍使用的生物信号记录分析系统“BL－420F 生物机能实验系统(简称 BL－420F 系统)”。

第一节　常用生物换能器的使用及注意事项

换能器，在工程学上又称传感器，其作用是把各种非电信号转换成电信号以供计算机识别和记录。生物机能学中常用的换能器以其所转换的信号性质和作用，分别命名为张力换能器、压力换能器、呼吸流量换能器、脉搏换能器、计滴换能器等。

一、张力换能器

张力换能器（图 2－1）的悬梁臂是一种弹性非常好的合金材料，受张力牵拉而发生机械性搏动，并将这种机械运动转化成电信号传送给计算机。

悬梁臂耐牵拉负荷有一定最大限度，如 15g、30g、50g 等多种负荷规格，使用时所施加的拉力不得超过最大负荷值，否则计量失真并造成换能器损坏。所以学生使用时不得随意牵拉或用手指掰动。

二、压力换能器

压力换能器（图 2－2）用于将血压等压力信号转换为电信号。其内部有两组变应片贴于弹性扁管的两侧。当充满液体的弹性扁管受液体压力作用而改变膨胀程度时即引起了变应片所在惠斯登桥电路的电阻和电流平衡的改变，从而产生可记录的电信号。

图 2－1　张力换能器

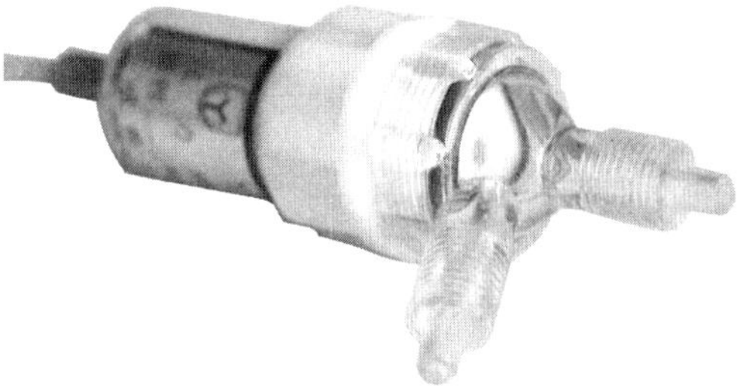

图 2－2　压力换能器

使用时，将动脉插管与动脉连接孔套牢；将排气孔套上扎闭的橡胶管或关闭的三通管。通过连接的橡胶管或三通管推入肝素稀释液，使整个管道系统充满液体而排净空气，备用。

三、呼吸流量换能器

呼吸流量换能器用来测量动物或人的呼吸波和呼吸流量。

四、脉搏换能器

用来记录外周脉搏压的变化，如测量脉搏率，并通过生物信号记录系统可观察脉搏波的波形。使用时将换能器绕在手指上即可。

第二节　BL－420F 生物机能实验系统操作指导

一、组成

BL－420F 生物机能实验系统是配置在微机上的 4 通道生物信号采集、放大、显示、记录与处理系统。它由以下三个主要部分构成：PC 机、BL－420F 系统硬件、TM _ WAVE 生物信号采集与分析软件。硬件面板如图 2－3 所示，

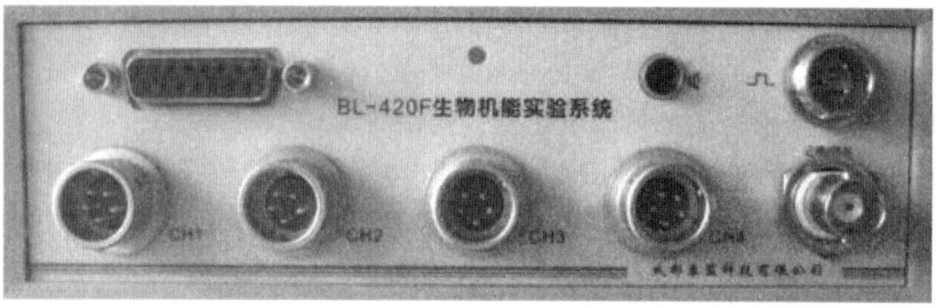

图 2－3　BL－420F 系统的前面板示意图

CH1、CH2、CH3、CH4：5 芯生物信号输入插座（可连接引导电极、压力传感器、张力传感器等），输入信号分别显示于生物信号显示窗口的 1 通道、2 通道、3 通道、4 通道。这 4 个通道的性能指标完全一样，可以互换使用。

全导联心电输入口：用于输入全导联心电信号。

触发输入：2 芯外触发输入接口，触发输入接口用于在刺激触发方式下，外部触发器通过这个输入口触发系统采样。

刺激输出：3 芯刺激输出接口。

记滴输入：2 芯记滴输入接口。

电源指示：发光二极管。

二、启动与退出

启动：在 windows 桌面双击“BL－420F 生物机能实验系统”图标即可启动 TM _ WAVE 软件，直接进入该系统。屏幕显示主界面。

退出：先结束实验，再关闭窗口。选择主界面“文件”菜单中的“退出”命令即可退出软件。

三、信号显示与处理软件界面介绍

（一）主界面

TM _ WAVE 生物信号采集与分析软件的主界面如图 2 - 4 所示。

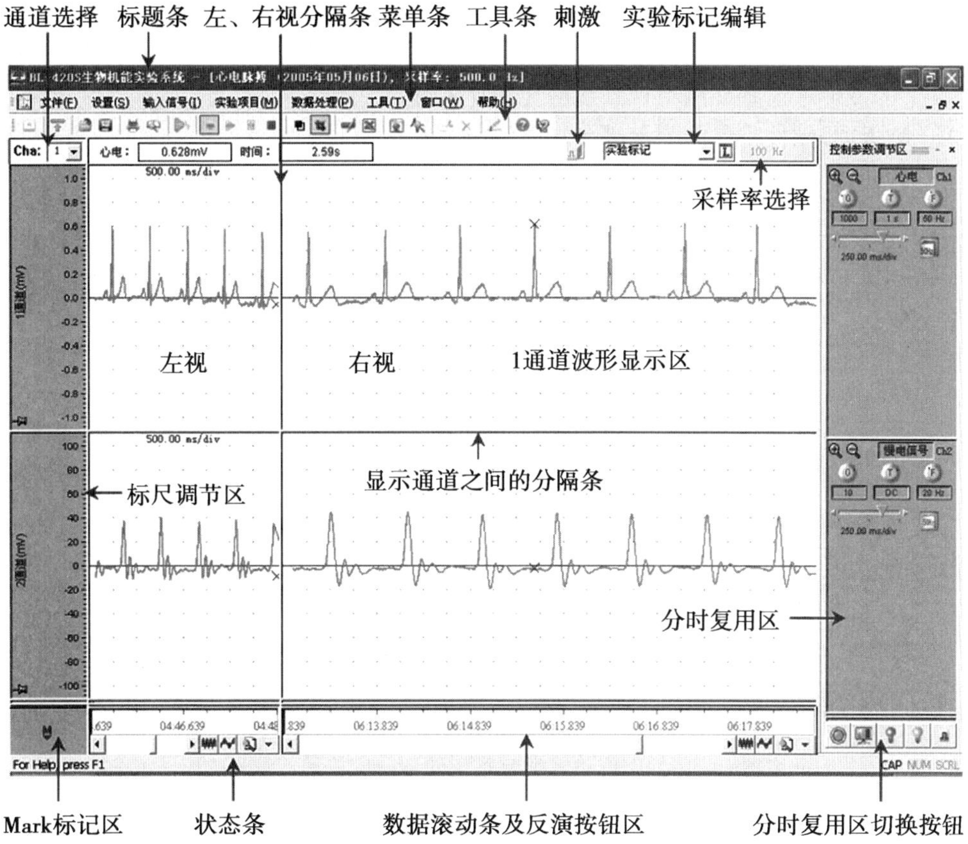

图 2 - 4　TM _ WAVE 生物信号采集与分析软件主界面

主界面从上到下依次主要分为：标题条、菜单条、工具条、波形显示窗口、数据滚动条及反演按钮区、状态条等 6 个部分；从左到右主要分为：标尺调节区、波形显示窗口和分时复用区三个部分。

在标尺调节区的上方是通道选择区，其下方是 Mark 标记区。分时复用区包括：控制参数调节区、显示参数调节区、通用信息显示区、专用信息显示区和刺激参数调节区 5 个分区，它们分时占用屏幕右边相同的一块显示区域，您可以通过分时复用区底部的 5 个切换按钮在它们之间进行切换。

对于 TM - WAVE 软件主界面中需要特别说明的是视的概念。视可以看作一个用于观察生物波形信号的复合显示窗口，其中包括直接用于观察生物波形的显示窗口和相关的辅助窗口。每一个视均包含有 6 个子窗口，它们分别是：时间显示窗口（用于显示记录数据时间）、4/8 个通道的波形显示窗口（每个通道对应于一个波形显示窗口）、数据滚动条及反演按钮区（用于数据定位和查找）。

视的重要性就在于它把波形的显示部分组成了一个整体，即视就是一个完整的波形显示系统，那么到底左、右视的设计有什么好处呢？首先，在 TM－WAVE 软件中的左、右视的大小并不固定，我们通过移动左、右视分隔条可以同时改变左、右视的大小，一个视变大的同时另一个视缩小。当我们把左、右视分隔条移动到最左边或最右边，那么其中一个视消失，另一个视变为最大，此时，它具有单视显示系统的全部优点，比如，显示区域最大等；其次，如果左、右视同时出现，在实时实验过程中，我们可以使用右视观察即时出现的波形，同时使用左视观察过去时间记录的波形，这样，在不暂停或停止实验的情况下，我们可以观察本次实验中任何时段的波形；在数据反演时，可以利用左、右视比较不同时段或不同实验条件下的波形，这些都是单视系统所无法比拟的。

TM－WAVE 软件主界面上各部分功能清单请参见表 2－1。

表 2－1　TM－WAVE 软件主界面上各部分功能

名　称	功　能	备　注
标题条	显示 TM_WAVE 软件的名称及实验相关信息	软件标志
菜单条	显示所有的顶层菜单项，您可以选择其中的某一菜单项以弹出其子菜单。最底层的菜单项代表一条命令	菜单条中一共有 8 个顶层菜单项
工具条	一些最常用命令的图形表示集合，它们使常用命令的使用变得方便与直观	共有 22 个工具条命令
左、右视分隔条	用于分隔左、右视，也是调节左、右视大小的调节器	左、右视面积之和相等
特殊实验标记编辑	用于编辑特殊实验标记，选择特殊实验标记，然后将选择的特殊实验标记添加到波形曲线旁边	包括特殊标记选择列表和打开特殊标记编辑对话框按钮
标尺调节区	选择标尺单位及调节标尺基线位置	
波形显示窗口	显示生物信号的原始波形或数据处理后的波形，每一个显示窗口对应一个实验采样通道	
显示通道之间的分隔条	用于分隔不同的波形显示通道，也是调节波形显示通道高度的调节器	4/8 个显示通道的面积之和相等
分时复用区	包含硬件参数调节区、显示参数调节区、通用信息区、专用信息区和刺激参数调节区五个分时复用区域	这些区域占据屏幕右边相同的区域
Mark 标记区	用于存放 Mark 标记和选择 Mark 标记	Mark 标记在光标测量时使用
时间显示窗口	显示记录数据的时间	在数据记录和反演时显示
数据滚动条及反演按钮区	用于实时实验和反演时快速数据查找和定位，可同时调节四个通道的扫描速度	
切换按钮	用于在五个分时复用区中进行切换	
状态条	显示当前系统命令的执行状态或一些提示信息	

（二）生物信号波形显示窗口简介

在TM－WAVE软件处于初始状态时屏幕上共有4个波形显示窗口，实验中可以根据自己的需要在屏幕上显示1个、2个或4个波形显示窗口。图2－5表示一个波形显示窗口，其中包含有背景格线、标尺、基线和基线调节旋钮等四部分。

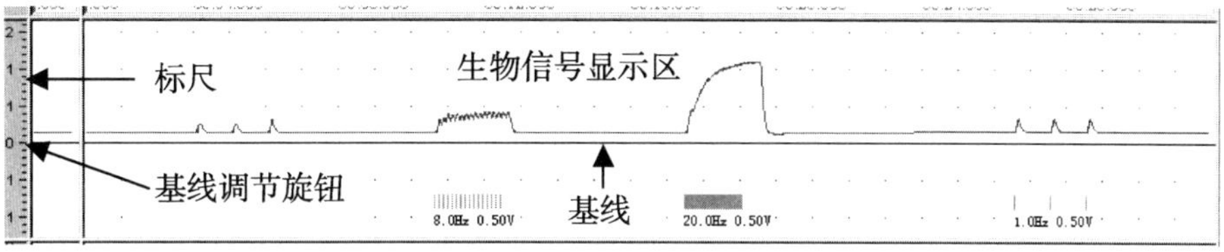

图2－5 TM－WAVE软件生物信号显示窗口

生物信号显示窗口各部分的功能如下：

生物信号显示区：显示采集到的生物信号波形。

标尺：该窗口中的增益标尺，实验者可根据该标尺及背景标尺点直接读出生物信号的大小，可以取消或移动。

背景标尺点：波形大小参考刻度线，可以取消。

基线：生物信号的参考零点，其上为正，其下为负。

基线调节旋钮：调节基线在波形显示窗口中的位置。

关于当前通道：所谓"当前通道"是指正在准备接受命令的通道，在信息、控制切换按钮的左边有一个当前通道显示窗口。工具条上的某些命令是针对当前通道而言的，比如"自动回零""直流平衡增减档""50Hz滤波命令""区间测量命令""信号色""格线类""背景色"等命令。选择"当前通道"的方法很简单，只需用鼠标右键在需要选择为"当前通道"的波形显示窗口中单击一下即可，当前通道显示窗口会显示新选择的当前通道号。同一时刻，只能有一个通道为当前通道。

（三）数据提取

数据提取是指从记录的原始实验数据中以某种形式（如图形、BL－420格式数据、通用文本格式数据等）提取出有用的或我们感兴趣的某一段或多段数据，并将其存贮为其他格式文件或插入到其他应用程序，如Word、Excel中。在BL－420生物机能实验系统中，数据提取方式包括4种，它们分别是：数据导出、数据剪辑、图形剪辑和区间测量数据结果的导出，下面仅就最常用的数据剪辑和图形剪辑加以介绍。

1. 数据剪辑

数据剪辑是指将选择的一段或多段反演实验波形的原始采样数据按BL－420的数据格式提取出来，并存入到指定名字的BL－420格式文件中。

由于数据剪辑提取的数据格式为BL－420数据格式，所以该剪辑数据可以被BL－420生物机能实验系统的软件所读取，并能继续在该数据上进行分析以及数据提取等操作。

这个命令只有在对某个通道的数据进行了区域选择之后才起作用。

数据剪辑的操作步骤如下：

（1）在整个反演数据中查找需要剪辑的实验波形。

（2）将需要剪辑的实验波形进行区域选择，可以同时选择多屏数据。

（3）按下工具条上的数据剪辑命令按钮，或者在选择的区域上单击鼠标右键弹出快捷功能菜单并选择“数据剪辑”功能，就完成了一段波形的数据剪辑；可以通过“设置”→“数据剪辑方式”菜单命令设置只剪辑单个通道数据还是同时剪辑多个通道数据，剪辑的数据段以灰色显示，参见图 2-6。

（4）重复以上 3 步对不同波形段进行数据剪辑。

（5）在停止反演时，一个以“cut. tme”命名的数据剪辑文件将自动生成，可以按照自己的需要重命名剪辑文件，但命名的文件不能与打开反演文件重名。

数据剪辑的文件存贮在 \ data 子目录下，其文件扩展名为 tme。

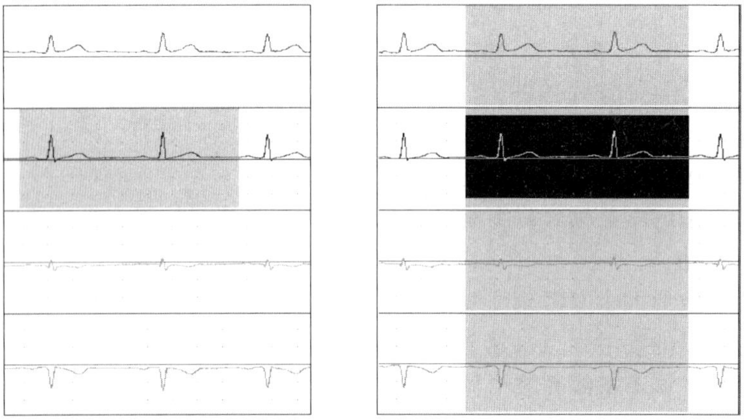

(a)单通道数据剪辑　　(b)多通道数据剪辑

图 2-6　数据剪辑

2. 图形剪辑

图形剪辑是指将从通道显示窗口中选择的一段波形连同从这段波形中测出的数据一起以图形的方式发送到 Windows 操作系统的一个公共数据区内，以后可以将这块图形粘贴到 TM-WAVE软件的剪辑窗口中或任何可以显示图形的 Window 应用软件如 Word、Excel 或画图中，方法是选择这些软件“编辑”菜单中的“粘贴”命令即可。

图形剪辑的目的是将您感兴趣的多幅波形图剪辑在一起，形成一张拼接图形（您可以在 BL-420 生物机能实验系统软件的剪辑窗口中或 Windows 的画图软件中完成图形的拼接工作），然后打印。

图形剪辑的操作步骤如下：

（1）在实时实验过程或数据反演中，按下“暂停”按钮使实验处于暂停状态，此时，工具条上的图形剪辑按钮处于激活状态，按下该按钮将使系统处于图形剪辑状态。

（2）对感兴趣的一段波形进行区域选择，可以只选择一个通道的图形或同时选择多个通道的图形。

（3）当进行了区域选择以后，图形剪辑窗口出现，上一次选择的图形将自动粘贴进入到图形剪辑窗口中。

（4）选择图形剪辑窗口右边工具条上的退出按钮退出图形剪辑窗口。

（5）重复步骤 1、2、3、4 剪辑其他波形段的图形，然后拼接成一幅整体图形，此时可以打印或存盘，也可把这张整体图形复制到其他应用程序，如 Word、Excel 中。

3. 图形剪辑窗口介绍

图形剪辑窗口可以完成一些基本的图形操作，参见图 2-7。

进入图形剪辑窗口的方法有二：一是执行图形剪辑操作后自动进入；二是选择工具条上的“进入图形剪辑窗口”命令按钮或选择“窗口”菜单上的“图形剪辑窗口”命令。

退出图形剪辑窗口的方法只能是选择图形剪辑工具条上的退出命令按钮。

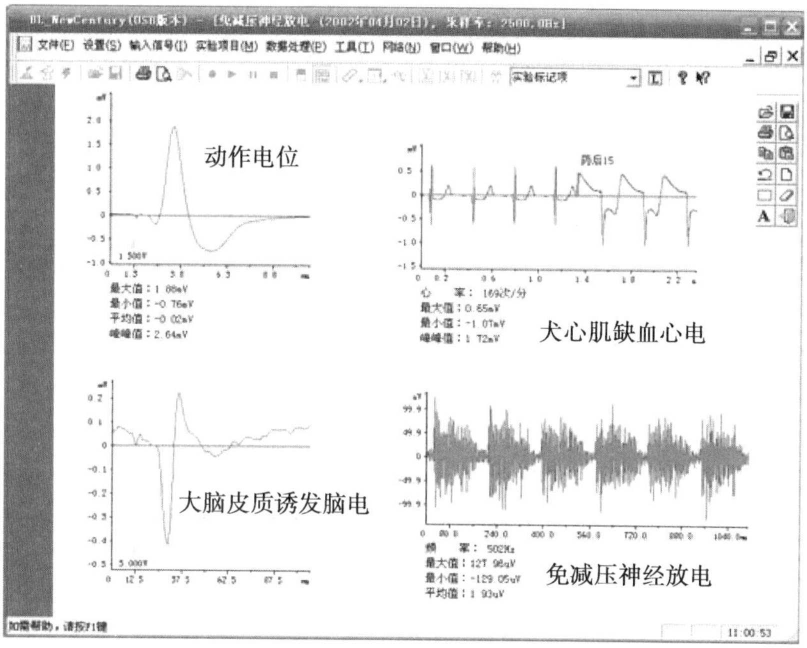

图 2-7 图形剪辑窗口

图形剪辑窗口分为图形剪辑页和图形剪辑工具条两部分。

图形剪辑页在图形剪辑窗口的左边，占图形剪辑窗口的大部分空间，图形剪辑页用于拼接和修改从原始数据通道剪辑的波形图。剪辑的图形只能在剪辑页的白色区域内移动。

图形剪辑工具条占据图形剪辑窗口的右边，包含 12 个与图形剪辑相关的命令按钮，它们分别是：打开、存贮、打印、打印预览、复制、粘贴、撤消、刷新、选择、擦除、写字和退出。

注意：当刚进入图形剪辑窗口的时候，图形剪辑工具条上的命令按钮处于不可用的灰色状态，只需在图形剪辑页的任意位置单击鼠标左键，命令按钮就变得可以使用了。

下面将对 12 个剪辑命令按钮分别说明：

• 打开已存贮位图文件（bmp 文件）

这个命令与通用工具条上的打开文件命令类似，但其打开的文件类型不同。

选择该命令，将弹出“打开”对话框，该对话框只显示以 bmp 为后缀名的文件。BMP 文件为 Windows 通用格式的位图文件类型，这种格式的文件不仅可以在 TM-WAVE 软件的图形剪辑窗口中打开，也可以在通用的 Windows 绘图软件，如画图中打开。

• 另存为

它与“文件”菜单中的“另存为”命令相似，但是在图形剪辑窗口中选择这个命令，将把图形剪辑页中的当前图形存贮到文件中保存，以后可以在图形剪辑页中重新打开这个文件，或者在 Windows 的其他应用软件中打开或插入这个图形。

• 打印当前剪辑页

它与“文件”菜单中的“打印”命令功能相似。选择这个命令，将打印当前剪辑页中的图形。

• 打印预览

它与“文件”菜单中的“打印预览”命令功能相似，用于显示图形剪辑页中图形的打印预览波形。

• 复制选择图形

在没有选择图形剪辑页上任何一块图形区域的情况下，该功能不可使用，当使用图形剪辑工具条上的“选择并移动”命令从图形剪辑页上选择了一块图形区域，该命令变得可用。

该命令将选择的一块图形区域复制到 Windows 公共数据存贮区——剪辑板中，您可以选择图形剪辑页中的“粘贴”功能将复制的图形再一次放入到图形剪辑页中，也可以在任何的 Windows 应用程序，如 Word、Excel 中选择粘贴命令，将选择的图形插入到这些应用程序中以实现 Windows 中数据共享的强大功能。

• 粘贴选择区域

该命令将 Window 公共数据存贮区——剪辑板中的数据插入到图形剪辑页中。以通过这个命令将 Windows 剪辑板中的图形粘贴到图形剪辑页的左上角。使用上面介绍的“复制”功能可以改变 Windows 剪辑板中的内容。

• 撤消上一次操作

如果使用了图形剪辑工具条上的“粘贴”“刷新”“选择并移动”“擦子”“写字”等功能，将可能改变剪辑页上原来的图形显示，但改变显示的操作可能不是希望的，比如误操作带来的剪辑页改变。那么当这种改变剪辑页显示的操作发生后，可以通过这个“撤消”命令来取消上一次的操作，这样，剪辑页将恢复到原来的显示。

• 刷新整个剪辑页

选择这个命令将清空整个剪辑页，即将剪辑页上所有图形全部擦掉，只留下一张空白的剪辑页。

您可以通过“撤消”命令取消上一次的“刷新”操作。

• 选择并移动

可以使用这个命令在图形剪辑页上选择一块区域，然后复制它或者将其移动到图形剪辑页的其他位置。

选择区域的方法如下：

当选择了这个命令后，在剪辑页中移动的鼠标将变为一个中空的十字，首先移动鼠标到需要选择区域的左上角，然后按下鼠标左键；在按住鼠标左键不放的情况下移动鼠标选择区域的右下角，此时，有一个虚线方框随着您鼠标的移动而移动，虚线方框代表选择的区域，参见图 2－8。当选择好区域以后松开鼠标左键即完成了图形剪辑页的区域选择。此时，图形剪辑条上的“复制”功能变得可用。如果将鼠标移动到选择区域上，鼠标将变为一只手的形状，表明可以移动这块选择的区域。在剪辑页中，刚粘贴的或刚选择的区域都是可以移动的区域。

可以通过"撤消"命令取消上一次的"选择并移动"操作。

• 擦除选择区域

选择该命令后，在剪辑页中移动的鼠标将变为一个中空的十字，使用与"选择并移动"命令相同的方法选择需要擦除的区域，松开鼠标左键将擦除选择的区域。

可以通过"撤消"命令取消上一次的"擦除"操作。

• 写字

选择该命令可以在图形剪辑页上写字，比如为了给某一个图形加注释。

选择该命令后，在剪辑页中移动的鼠标将变为一个中空的十字，使用与"选择并移动"命令相同的方法选择写字区域，松开鼠标左键将出现一个矩形的写字区域，有一个文本光标在写字区域内闪烁，它指定写字的位置，图 2-8，只需在选定的写字区域内书写注释，如果需要书写中文，按下右 Ctrl 键的同时按下空格键，将切换到中文输入方式。书写完注释后，在剪辑页上写字区域以外的任何地方单击鼠标左键，将完成本次写字操作，写字区域消失，而写的注释加在剪辑页上。

可以通过"撤消"命令取消上一次的"写字"操作。

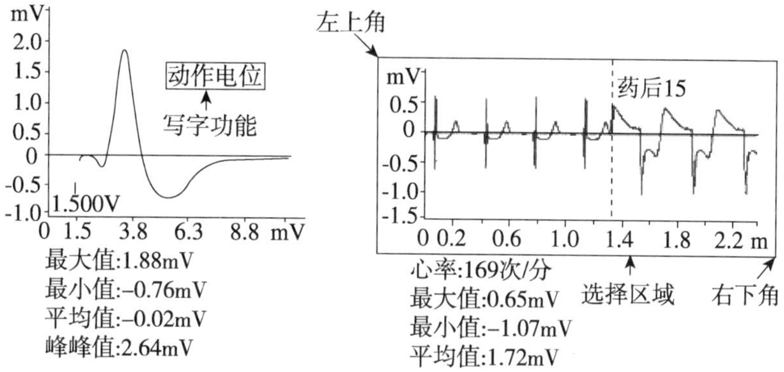

图 2-8　"选择并移动"和"写字"功能

• 该工具条按钮代表退出图形剪辑页命令。

选择该命令将从图形剪辑页中退出，并显示正常的通道显示窗口。

选择这个命令是唯一退出图形剪辑页的方法。

四、菜单说明

在顶级菜单条上一共有 9 个菜单选项，它们是文件、编辑、输入信号、实验项目、数据处理、工具、网络、帮助。

（一）文件菜单

文件菜单中包含有打开（反演数据）、打开配置、保存配置、记录模式、启动、暂停、停止、系统复位、系统信息、数据文件删除、打印设置和退出等 12 个命令。

1. 打开反演数据

功能及意义：演示已存贮的文件，包括原始数据文件和剪辑的数据文件。软件默认对存贮的原始波形数据文件采用"月日时分 .dat"的命名方法，对在反演数据基础上剪辑的数据文件采用“月日时分 . cut”的命名方法。也可以按自己的习惯任意改变记录数据文件的文件名。

具体操作：选择此命令，将弹出“打开”对话框，在“打开”对话框中用鼠标在文件名列表框中选择一个文件名（或在“文件名”输入编辑框中直接输入要反演的文件名），然后按“确定”按钮。另外，也可使用鼠标左键双击文件列表框中的某一个文件名启动反演。

2. 打开配置

功能及意义：按照原来存贮的实验模块的配置进行实验设置，同时启动实验。

具体操作：选择此命令，会弹出一个“自定义模块选择对话框”，从自定义模块名下拉式列表中选择一个存贮的实验模块，然后按“OK”按钮。

3. 保存配置

功能及意义：保存自定义的实验模块（而非本系统中预先设置的实验模块）。自定义实验模块的名字以 . mod 为后缀。

具体操作：根据自己设计的实验模块，通过调节各硬件参数，满意于自己的实验波形后，选择“保存配置”命令，系统会自动弹出文件存贮对话框，输入自定义实验模块的名字，然后选择“确定”按钮，自定义的实验配置就被保存起来，以后可以通过“打开配置”来启动自定义实验模块。

4. 记录模式

功能及意义：选择性或非选择性地进行实验数据的记录。

具体操作：记录模式是一个开关型命令，如果该命令的旁边有一个小勾，说明处于“开”的状态，否则处于“关”的状态。当记录模式被打开之后，每次开始实验后就立刻进行数据记录，停止实验后自动进入到反演状态。这种方法的优点是不会忘记数据记录，并且记录的数据非常完整。缺点是记录了大量的冗余实验数据。如果记录模式关闭，则开始实验后不立刻进行实验数据的记录，直到观察到满意的实验波形后，再通过选择工具条中“记录”按钮进行实验数据的记录。停止实验后不自动进入到反演状态。这种方法的优点是记录的数据短而精，其缺点是有可能忘记记录。

5. 启动波形显示

选择该命令，将启动数据采集，并显示在屏幕上。如果数据采集处于暂停状态，选择该命令，将继续启动波形显示。在记录数据反演时，该功能相当于启动反演命令。

6. 暂停波形显示

选择该命令，将暂停数据采集与波形动态显示。

7. 停止波形显示

选择该命令，将停止当前实验，如果已进行了实验数据的记录，将弹出“另存为”对话框，选择起名存盘或取消命令。

8. 系统复位

选择该命令，将对整个系统的所有参数进行复位，恢复到本系统的初始默认设置显示状态。

9. 系统信息

选择该命令，将弹出一个“系统信息”对话框，包含有屏幕分辨率、硬盘空间（指 C 盘）及可用硬盘空间（指 C 盘）等信息。

10. 数据文件删除

选择该命令，会弹出一个提示信息对话框，按“确定”按钮后，会出现“打开”对话框，可从中选择一个需要删除的数据文件，然后按“确定”按钮即可删除所选择的数据文件。

11. 打印设置

选择该命令，将弹出“打印设置”对话框，对打印机做初始设置，并对纸张进行设置。

12. 退出

选择该命令，将退出 TM－WAVE 程序主界面。

（二）编辑菜单

编辑菜单中包括复制、粘贴、剪切等常用编辑命令。

1. 复制

功能及意义：从当前通道波形显示窗口中复制一块波形图到 Windows 操作系统的剪辑板中。

具体操作：选择该命令后，将暂停数据采集与波形动态显示。复制图块的方法与“图形剪辑”方法相同。只是使用该功能从信号显示窗口中复制完图形后，不会直接进入到剪辑页中。

2. 粘贴

在剪辑页中选择该命令，可以将刚才复制的图形粘贴到剪辑页的左下角。该命令与 Windows 操作系统中其他应用软件，如 Word、画图等软件的粘贴功能相同。

（三）设置菜单

当用鼠标单击顶级菜单条上的“设置”菜单项时，“设置”下拉式菜单将被弹出，参见图 2－9。

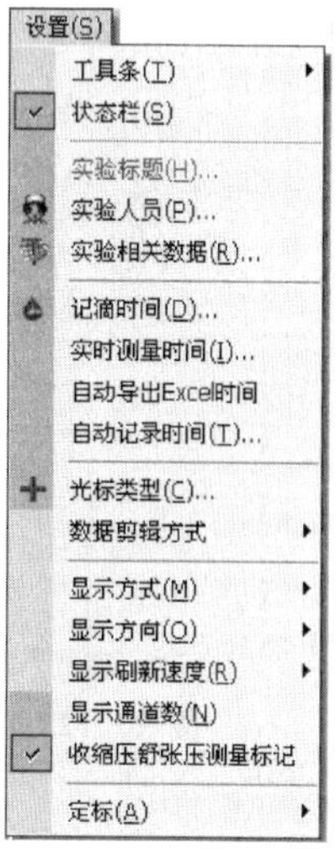

图 2－9　设置菜单

设置菜单中包括工具条、状态栏、实验标题、实验人员、实验相关数据、记滴时间、光标类型和定标等 17 个菜单选项，其中工具条、显示方式、显示方向和定标等子菜单下还有二级子菜单。

1. 工具条

选择该菜单选项，将弹出工具条菜单的子菜单，参见图 2－10。该子菜单内包含三个命令：标准工具条、分时复用区和定制。

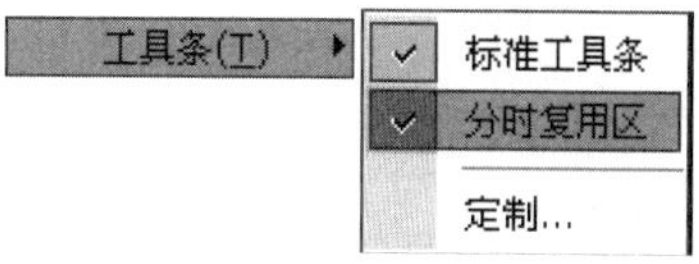

图 2－10　工具条菜单项的子菜单

标准工具条命令用于打开和关闭标准工具条。

分时复用区命令用于打开和关闭主界面右边的分时复用区窗口。

定制命令用于定制菜单项或工具条。

2. 状态栏

状态栏命令用于打开或关闭 TM－WAVE 软件窗口底部显示信息的状态栏。

3. 实验标题

当选择该命令后，将弹出“设置实验标题”对话框，参见图 2－11。

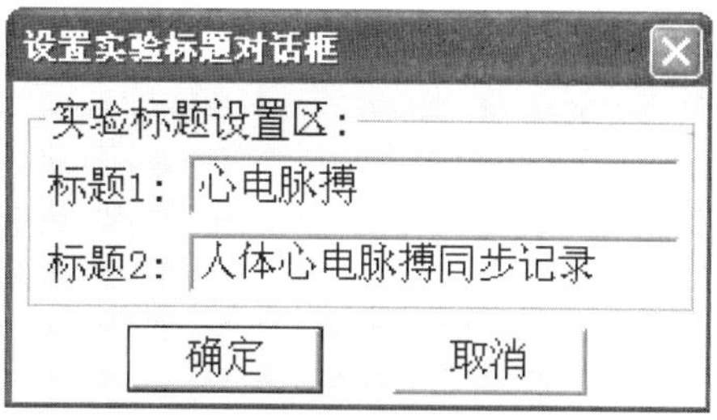

图 2－11　设置实验标题对话框

可以通过该命令来改变实验标题，并且可以为同一个实验设置第二个实验标题。

4. 实验人员

该命令用于设定实验人员名字，它对学生实验中的网络打印特别有用，否则，学生将很难从网络打印中找到自己打印的实验图形，因为有很多学生共享一台网络打印机。

选择该命令，将弹出“实验组及组员名单输入”对话框，参见图 2－12。

5. 实验相关数据

可以通过该命令来设置一些与本实验相关的实验参数。当您选择该命令后，会弹出“实验相关数据设置”对话框，参见图 2－13。

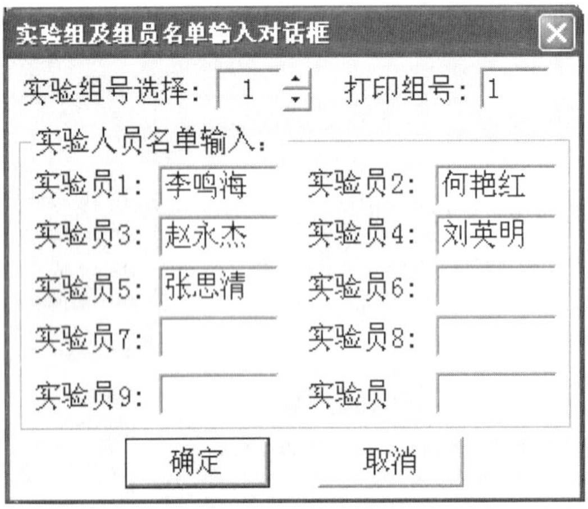

图 2－12　实验组及组员名单输入对话框

图 2－13　实验相关参数设置对话框

在“实验相关参数设置”对话框中，可以在动物名称下拉式列表框中选择一个动物名称，也可以自己直接输入，动物名称限定在 5 个汉字以内，而麻醉方法和麻醉剂则限定在 10 个汉字以内。

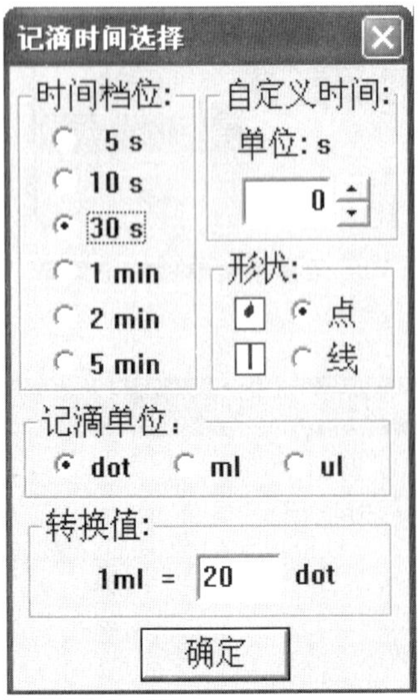

图 2－14　记滴时间选择对话框

如果对话框下面的“打印”复选框旁边有一个小勾，那么表示这些数据将随着实验波形一起被打印出来，以利于资料存档；如果没有小勾，表示不打印这些数据。

6. 记滴时间设置　选择该命令，将弹出“记滴时间选择”对话框，参见图2－14。它用于选择统计记滴的单位时间，即每次在选定的时间间隔内统计尿滴数。如果选择“影响尿生成的因素”实验模块，那么 TM－WAVE 软件不仅实时地统计尿滴的总数，也统计单位时间的尿滴数。

在这个对话框中，不仅可以选择记滴单位时间，还可以选择记滴单位，包括 dot（点）、ml 和 μl，便于对尿量的定量分析。这三种单位之间可以相互转换，转换值由用户自己输入。通常情况下，1ml＝20 dot，如果选择以 ml 为单位，那么计算机统计出的总尿量和单位时间尿量将以 ml 为单位，这样更直观、更科学。

另外，还可以在这个对话框中选择尿滴在屏幕上显示的形状：点或短线。

在实时实验中，每次添加特殊实验标记时，即使计时的单位时间没有达到一个标准时间间隔，也将重新开始计时，以统计下一个单位时间内的尿滴数。

另外，在设置菜单项中还有实时测量时间、自动导出Excel时间、自动记录时间、光标类型、数据剪辑方式、显示方式、显示方向、显示刷新速度、显示通道数、收缩压舒张压标记、定标等的设置，可随实验所需而自定。

（四）输入信号菜单

当用鼠标单击顶级菜单条上的输入信号菜单项时，输入信号下拉式菜单将被弹出。

信号输入菜单中包括有1～4通道4个菜单项，它们与硬件输入通道相对应，每一个菜单项又有一个输入信号选择子菜单，每个子菜单上包括多个可供选择的信号类型，参见图2-15。

当为某个输入通道选择了一种输入信号类型之后，这个实验通道的相应参数就被设定好了，这些参数包括：采样率、增益、时间常数、滤波、扫描速度等。

（五）实验项目菜单

单击顶级菜单条上的实验项目，实验项目下拉式菜单将被弹出，参见图2-16。

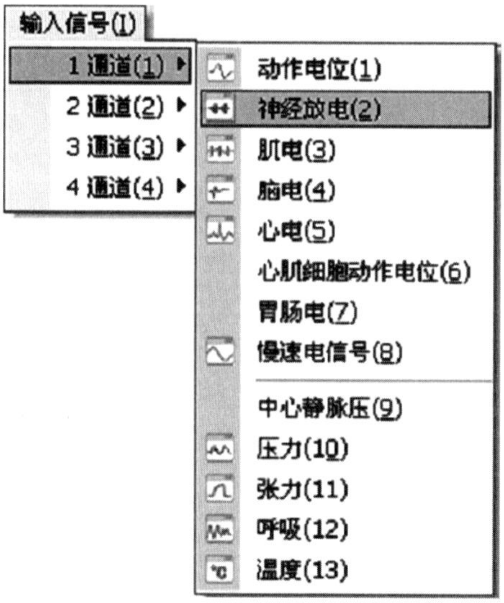

图2-15　BL-420输入信号下拉式菜单

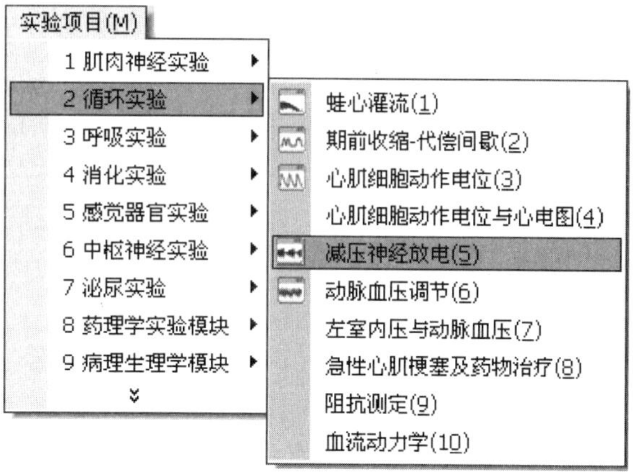

图2-16　实验项目下拉式菜单

实验项目下拉式菜单中包含有9个菜单项，它们分别是肌肉神经实验、循环实验、呼吸实验、消化实验、感觉器官实验、中枢神经实验、泌尿实验、药理学实验模块和病理生理学模块。

这些实验项目组将生理及药理实验按性质分类，在每一组分类实验项目下又包含有若干个具体的实验模块，当选择了一个实验模块之后，系统将自动设置该实验所需的各项参数，包括采样通道、采样率、增益、时间常数、滤波以及刺激器参数等，并且将自动启动数据采样，使实验者直接进入到实验状态。当完成实验后，根据不同的实验模块，打印出的实验报告包含有不同的实验数据。

例如，当选择了肌肉神经实验项目组中的神经干动作电位的引导实验模块后，系统将自动把生物信号输入通道设为1通道，采样率设为50kHz，扫描速度设为1.0ms/div，增益设为200倍，时间常数设为0.01s，滤波设为10kHz；刺激器参数设为：单刺激，波宽0.05ms，强度1为1.0V等。

另外还有数据处理菜单对数据进行统计学处理。

（六）工具菜单

工具菜单的作用是集成Windows操作系统中的工具软件和其他Windows应用软件，如记事本、画图、Windows资源管理器，计算器、Excel、Word等。选择工具菜单上的某一个命令，将直接从TM－WAVE软件中启动选择的Windows应用程序。比如，要启动画图软件，然后将区域选择的图形复制到画图软件中进行拼接，那么选择工具菜单中的画图命令将直接进入到画图程序，在画图的编辑菜单中选择粘贴命令，即可以将选择的图形连同数据一起复制到画图软件中（图2－17）。

图2－17 工具下拉式菜单

（七）窗口菜单

窗口菜单中包括有参数设置窗口、层叠、平铺、排列图标和正在使用的窗口等命令。

（八）帮助菜单

主要显示“帮助主题”对话框，它包含有BL－420生物机能实验系统的全部使用说明书。可通过检索主题词找到需要的帮助。

五、工具条说明

工具条和命令菜单的含义相似，它也是一些命令的集合，是把一些常用的命令以方便、直观（图形形式）的方式直接呈现在使用者面前，它所包含的命令可以和命令菜单中的重复，也可以不同，是更加常用的命令。

工具条上的每一个图形按钮被称为工具条按钮，每一个工具条按钮对应一条命令，当工具条按钮以雕刻效果的图形方式显示时，表明该工具条按钮不可使用，此时，它对用户的输入没有反应；否则，它将响应用户输入。

TM－WAVE软件的工具条上一共有24个工具条按钮，也就是说它们代表着24条不同的命令。这些命令（从左向右）分别代表着系统复位、拾取零值、打开、另存为、打印、打印预览、打开上一次实验设置、数据记录、开始、暂停、停止等命令（图2－18）。

图2－18 工具条

• 系统复位

选择系统复位命令将对BL－420生物机能实验系统的所有硬件及软件参数进行复位，即将这些参数设置为默认值。

• 拾取零值

选择拾取零值命令是在系统运行时，传感器无法调零的情况下，软件强行将其信号回归至零位。

• 打开反演数据文件

该命令与“文件”菜单中的“打开”命令功能相同，请参阅本章前面的相关内容。

• 另存为

该命令与“文件”菜单中的“另存为”命令功能相同，请参阅本章前面的相关内容。

• 打印

该命令与“文件”菜单中的“打印”命令功能相同，请参阅本章前面的相关内容。

• 打印预览

该命令与“文件”菜单中的“打印预览”命令功能相同，请参阅本章前面的相关内容。

• 打开上一次实验设置

该命令与“文件”菜单中的“打开上一次实验设置”命令功能相同，请参阅本章前面的相关内容。

• 记录

“记录”命令是一个双态命令，所谓双态命令是指每执行该命令一次，其所代表的状态就改变一次，这就好像是一盏电灯的开关，这种命令通过按钮标记的不同变化来表示两种不同的状态。当记录命令按钮的红色实心圆标记处于蓝色背景框内时，说明系统现在正处于记录状态，否则系统仅处于观察状态而不进行观察数据的记录。

注意：

在实验过程中您可以随时进行记录，也可以随时停止记录，您只需单击该工具条按钮就可以在记录与不记录之间进行切换。比如，刚开始实验时，系统自动启动记录，如果在实验过程中您需要改变实验对象，或要对实验动物进行其他处理，此时的信号为无用信号，为了不浪费磁盘空间，您可以选择这个命令来暂停记录。

• 启动

选择该命令，将启动数据采集，并将采集到的实验数据显示在计算机屏幕上；如果数据采集处于暂停状态，选择该命令，将继续启动波形显示。

• 暂停

选择该命令后，将暂停数据采集与波形动态显示。

• 停止实验。

选择该命令，将结束当前实验，同时发出“系统参数复位”命令，使整个系统处于开机时的默认状态，但该命令不复位设置的屏幕参数，如通道背景颜色、基线显示开关等。

• 切换背景颜色

选择该命令，显示通道的背景颜色将在黑色和白色这两种颜色间进行切换。

• 格线显示

这是一个双态命令，当波形显示背景没有标尺格线时，单击此按钮可以添加背景标尺格线；当波形显示背景有标尺格线时，单击此按钮可以删除背景标尺格线。

• 同步扫描

这是一个双态命令，当这个按钮按下时，所有通道的扫描速度同步调节，这时，只有第一通道的扫描速度调节杆起作用；当不选择同步扫描时，各个显示通道的扫描速度独立可调。

另外，数据分析通道的扫描速度一般与被分析通道的扫描速度同步调节。

• 区间测量

该命令用于测量任意通道波形中选择波形段的时间差、频率、最大值、最小值、平均值、峰峰值、面积、最大上升速度（d_{max}/dt）及最大下降速度（d_{min}/dt）等参数，测量的结果显示在通用信息显示区中。

• 心功能参数测量

该命令用于手动测量一个心电波形上的各种参数，包括：心率、R 波幅度、ST 时段等 13 个参数。这是一个开关命令，只有在命令打开状态下方可测量。

• 打开 Excel

选择该命令，将打开 Excel 电子表格。使用这个命令打开 Excel 电子表格后，Excel 电子表格就和 TM _ WAVE 软件之间建立了一种联系，以后的区间测量、心肌细胞动作电位测量和血流动力学测量的结果将会自动被写入到 Excel 电子表格中。

• X－Y 输入窗口

• 选择波形放大

在实时实验或波形反演时，如果想查看某一段波形的细节，可以使用这个命令。具体的操作方法是：先从波形显示通道中选择想放大的波形段，当使用区域选择功能选择波形段后，这个命令变得可用，用鼠标单击此命令，将弹出波形放大对话框。

• 数据剪辑

数据剪辑是指将选择的一段或多段反演实验波形的原始采样数据按 BL－420 的数据格式提取出来，并存入到指定名字的 BL－420 格式文件中。

这个命令只有在对某个通道的数据进行了区域选择之后才起作用。

• 数据删除

数据删除命令与数据剪辑命令的功能相似，均是从原始数据文件中选取有用数据，然后将有用数据另存为一个与原始数据格式相同的其他文件。但他们选择数据的方法不同，数据剪辑利用选取的波形构成一个新的数据文件，是在大量的原始数据中选择少量的有用数据；数据删除则是将选取的波形全部从原始文件中剔除，用剩余的原始数据构成一个新的数据文件，适用于从原始数据文件中剔除少量的无用数据。

注意：

数据剪辑和数据删除命令不能同时使用，否则会造成混乱，因此，只要您先使用了数据剪辑命令，数据删除命令自动失效；反之亦然。

• 添加通用标记

在实时实验过程中，当您单击该命令，将在波形显示窗口的顶部添加一个通用实验标记，其形状为向下的箭头，箭头前面是该标记的数值编号，编号从 1 开始顺序进行，如 20↓，箭头后面则显示添加该标记的时间。

注意：

在一次实验中，您最多只能添加 200 个这样的通用实验标记。

• 关于

该命令用于打开软件的关于对话框，与“帮助”菜单中的“关于 TM _ WAVE”命令功能相同，请参阅相关内容。

• 及时帮助

该工具条按钮的功能是提供及时帮助，当选择该工具条命令后，鼠标指示将变成一个带问号的箭头，此时用鼠标指向屏幕的不同部分，然后按下鼠标左键，将弹出关于指定部分的帮助信息。

六、顶部窗口

顶部窗口位于工具条的下方，波形显示窗口的上面。顶部窗口由 4 部分组成，他们分别是：当前选择通道的光标测量数据显示，启动刺激按钮，特殊实验标记编辑以及采样率选择按钮等，参见图 2－19。

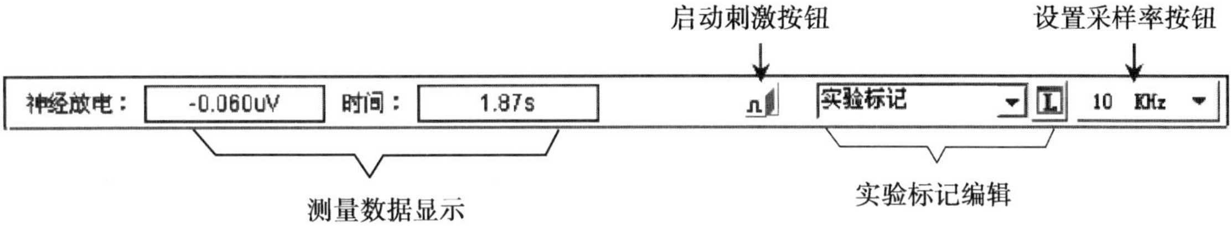

图 2－19 顶部窗口

七、刺激

点击刺激器启动按钮（位于顶部窗口的右端）则有刺激输出。该按钮只有在实时实验的状态下可用，更简单的方式是按键盘上的“Enter”键来启动刺激。下述刺激的有关参数和设置方法。

点击位于界面右下角的刺激设置按钮可打开刺激参数区。该区由上至下分为 3 个部分，包括：基本信息、程控信息、波形编辑，参见图 2－20。

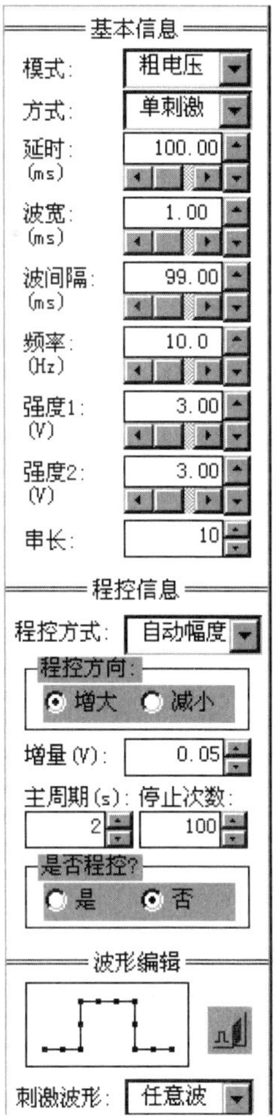

图 2－20 刺激参数区

基本信息是关于刺激的基本参数，对于每一个参数，我们采用粗、细两级的调节方法，每个参数加上一个调节机构我们叫做一个元素。当对话框元素的粗调按钮与微调按钮变为浮雕形式时，表明该参数此时无效，也不能被调节。某个参数当前的有效性主要由刺激器方式确定。

1. 模式

有 4 种刺激器模式供您选择，他们分别是粗电压、细电压、粗电流及细电流。

2. 方式

调节刺激器的刺激方式。有 5 种刺激方式可供选择，分别是：单刺激（为默认选择）、双刺激、串刺激、连续单刺激与连续双刺激。

3. 延时

调节刺激器第一个刺激脉冲出现的延迟时间。

延时的单位为 ms，其范围从 0～6s 可调。每调节粗调按钮一次，其值改变 5ms，调节微调按钮一次，其值改变 0.05ms。

4. 波宽

调节刺激器脉冲波的时间宽度。

波宽的单位为 ms，其范围从 0～2s 可调。每调节粗调按钮一次，其值改变 0.5ms，调节微调按钮一次，其值改变 0.05ms。

5. 波间隔

调节刺激器脉冲之间的时间间隔（适用于双刺激和串刺激）。

波间隔的单位为 ms，其范围从 0～6s 可调。每调节粗调按钮一次，其值改变 0.5ms，调节微调按钮一次，其值改变 0.05ms。波间隔的有效范围还受刺激频率的影响。

6. 频率

调节刺激频率（适用于串刺激和连续刺激方式）。

频率的单位为 Hz，其范围从 0～2000Hz 可调。每调节粗调按钮一次，其值改变 10Hz，调节微调按钮一次，其值改变 0.1Hz，但刺激器的频率受到波宽和波间隔（在串刺激和连续双刺激时波间隔才起作用）的影响，因此如果您调节的波宽较长，刺激频率将不能调节到 2000Hz，计算机会自动计算出当时可以调节的最高刺激频率。

7. 强度 1

调节刺激器脉冲的电压幅度（当刺激类型为双刺激时，则是调节双脉冲中第一个脉冲的幅度）或电流强度。

电压幅度的单位为 V，其范围从 0～100V 可调（BL-420 系统刺激器还包含-30V～30V 的可调范围）。在粗电压模式下，每调节粗调按钮一次，其值改变 500mV；调节微调按钮一次，其值改变 50mV；在细电压模式下，每调节粗调按钮一次，其值改变 50mV，调节微调按钮一次，其值改变 5mV。

电流强度的单位为 mA，其范围从 0～20mA 可调。在粗电流模式下，每调节粗调按钮一次，其值改变 100μA，调节微调按钮一次，其值改变 10μA；在细电流模式下，每调节粗调按钮一次，其值改变 10μA，调节微调按钮一次，其值改变 1μA。

8. 强度 2

当刺激类型为双刺激时，它用来调节双脉冲中第二个脉冲的幅度。

强度 2 的电压幅度或电流强度的范围和调节方式与强度 1 完全相同。

9. 串长

该参数用来调节串刺激的脉冲个数，脉冲个数的单位为个，其有效范围从 0～250 个可调。每调节粗调按钮一次，其值改变 10；调节微调按钮一次，其值改变 1。

八、实验标记及编辑

在实验中，在实验曲线上加上实验标记，即加上实验项目的名称，可使实验结果清晰明了。

（一）怎样编辑实验标记

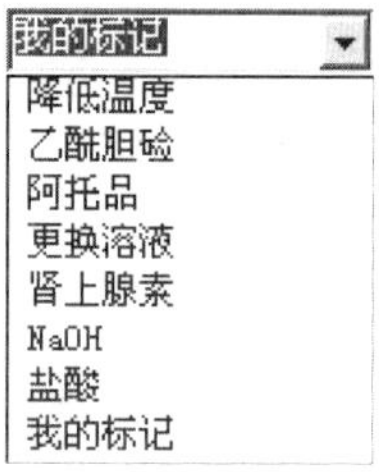

图 2-21 特殊实验标记编辑组合框

项目实验标记编辑区（位于顶部窗口的右侧。见图 2-19）包括实验标记编辑组合框和打开实验标记编辑对话框两个项目。

实验标记编辑组合框的功能非常强大，既可以从中选择已有的实验标记，也可以按照自己的需要随时输入，然后按“Enter”键确认新的输入，新的输入自动加入到标记组中，参见图 2-21，22。

如果某个实验模块本身预先设置有特殊实验标记组，那么，当您选择这个实验模块时，实验标记编辑组合框就会列出这个实验模块中所有预先设定的特殊实验标记。

单击打开实验标记编辑对话框按钮，将弹出“实验标记编辑对话框”。可以在这个对话框中对实验标记进行预编辑，包括增加新的实验标记组，增加或修改新的实验标记；可以直接从中选择一个预先编辑好的实验标记组作为实验中添加标记的基础，选择标记组中所有的实验标记将自动添加到特殊实验标记编辑组合框中。

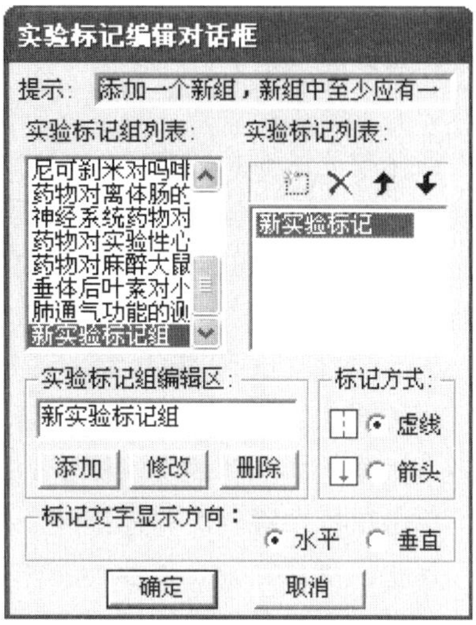

图 2-22　特殊实验标记编辑对话框

1. 特殊实验标记组添加、修改和删除　特殊实验标记组的添加、修改和删除由对话框中的三个对应功能按钮完成，分别是“添加”　“修改”和“删除”按钮。

（1）添加

添加按钮用于添加一组新的特殊实验标记组，当按下“添加”按钮后，将在实验标记组列表的最下方出现一个“新实验标记组”选项，并且该新实验标记组以蓝底白字形式显示，表示它为当前选中的实验标记组。同时在实验标记列表中自动为该实验标记组添加一个名为“新实验标记”的新标记，因为在每个实验标记组中至少需要有一个特殊实验标记。此时，在实验标记组编辑区中也显示“新实验标记组”，可以在编辑区中改变实验组的名称，然后按修改按钮生效。

（2）修改

使修改后的特殊实验标记组的组名修改生效。

（3）删除

删除所选择的整个特殊实验标记组，包括它内部的所有特殊实验标记。一般而言，不要轻易使用该命令。

2. 特殊实验标记组组内标记的编辑　特殊实验标记组组内标记的编辑将在“实验标记列表”框中全部完成，实验标记列表框是一个特殊的列表框，它不仅具有普通列表框的列举数据功能，同时还具有在列表框中加入新列表数据、修改和删除列表数据等功能，其功能非常强大。在该列表框第一个列举数据项的顶部，一共有 4 个功能按钮。它们依次是：添加、删除、上移和下移功能按钮。下面对每一个功能进行详细描述：

添加按钮用于在数据列表框中添加一个列表数据项，它在这里的作用是添加一个组内特殊标记。当选择添加按钮后，在实验标记列表框最后一行将出现一个空白的编辑框，并且其中有一个文本编辑光标在闪动，表示现在可以编辑这个新添加的特殊实验标记。

删除按钮用于删除列表框中的一个列表数据项，需选择要删除的特殊标记，当前选择的特殊标记以蓝底白字形式显示，然后按下删除按钮即可删除该特殊标记。

上移按钮将当前选择的特殊标记上移一个位置。这个按钮和下面讲的下移按钮一起可以对实验标记组内的特殊标记列表顺序进行重新排列，可以将这个实验组中常用的实验标记排列在列表的上面，不常用的实验标记则排列在列表的下面。

下移按钮将当前选择的特殊标记下移一个位置。

在实验标记编辑组合框中除了这些显式的命令按钮之外，还有一些隐式的功能，比如，想要修改标记组内的某个特殊实验标记，只需在该实验标记上双击鼠标左键，该实验标记所在的列表项将变成一个文本编辑框，此时，可以在这个文本编辑框中对该特殊实验标记进行修改，修改完成后，在实验标记列表框中空白处单击鼠标左键，文本编辑框消失，本次修改生效。

当修改完所有特殊实验标记之后，如果您按“确定”按钮，那么您新做的修改将被保存到硬盘上的 label. txt 文件中，下次实验时，这些新做的修改都将生效；如果您选择“取消”按钮，那么您所做的修改不会存贮到硬盘上，这些修改将不生效。按“确定”按钮的另一项功能是将选择的特殊实验标记组添加到特殊实验标记选择区中。

（二）怎样将标记标上

添加特殊实验标记的方法很简单，先在实验标记编辑组合框中选择一个特殊实验标记，或者直接输入一个新的实验标记并按下“Enter”键；然后在需要添加特殊实验标记的波形位置单击鼠标左键，实验标记就添加完成了。

注意：使用这种方式添加特殊实验标记只能在实时实验过程中使用，并且添加一个标记后，如果要添加同样标记还需要再选择一次。以后，可以通过显示窗口快捷菜单上的命令修改或删除已添加的特殊实验标记。

实验标记在标记处除了有文字说明之外，还有一个标记位置指示，您可以选择以虚线或箭头方式进行标记（图 2－23）。

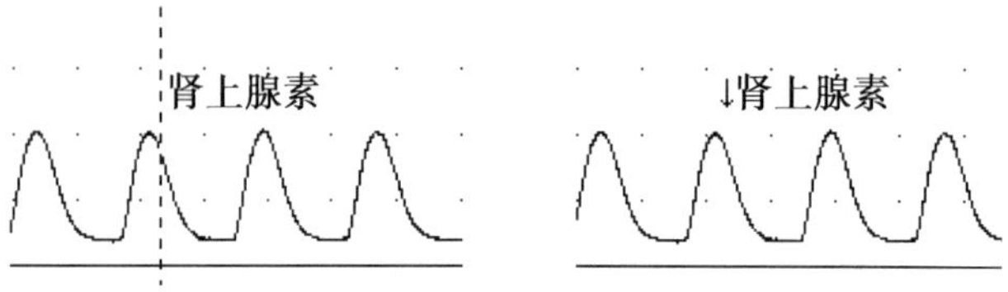

图 2－23　特殊实验标记的标记方式

九、实验举例

如做“期前收缩与代偿间歇”实验。在动物手术及装置连接好以后，即可进行软件的操作。

1. 进入“期前收缩与代偿间歇”实验界面　双击桌面上“BL－420F 生物机能实验系统”图标即启动了该系统。然后点击菜单条中的“实验项目”，弹出选择菜单，含有已设定好的各机能系统，从中选择“循环实验”，又弹出新的菜单，含有循环系统的各个实验项目名称，从中选取“期前收缩”，点击，即进入了“期前收缩与代偿间歇”这个实验的记录界面。

2. 查看和补充实验标记　点击实验标记编辑框，查看，若缺少标记，即可键入“期前收缩”，按 Enter 键确认，同样方法键入“代偿间歇”，按 Enter 键确认。

3. 刺激参数查看和修改　点击主界面右下角的刺激设置对话按钮，即显示了刺激参数设置内容，通常已设定好。若有特殊需要，可据情改动。如正是在冬季实验，蛙心反应能力低，可适当增大强度 1 的值。

4. 给刺激　点击刺激按钮或直接敲击 Enter 键可输出刺激。若刺激时机合适，可出现期前收缩和代偿间歇。

5. 在实验标记框中选择“期前收缩”，将光标置于曲线上发生期前收缩的位置点击左键，即可将“期前收缩”标在其上。同样的方法标上“代偿间歇”。

6. 剪辑图形并编辑排版打印　按空格键，记录暂停，点击工具条上的，然后拖放，框住所要的期前收缩和代偿间歇的图形区域，松开鼠标，即自动进入图形剪辑窗口，用于编辑。也可启动微软 WORD 软件，点粘贴，即可把所选图形复制过来。随后，点该图，点右键，出菜单，选设置图片格式，在版式中选四周型，确定，则图形可任意放大缩小和移动。点击该图，复制，不断粘贴，再有序排版，排满整页，点击打印即可输出本次的实验结果。用剪刀剪下每一份图，分发给小组各成员，用于各人写实验报告。

（陈宝琅）

第三章　动物实验的基本操作技术

一、实验动物的选择和准备

生理实验的常用动物有兔、狗、猫、大鼠、豚鼠、鸽子、蟾蜍、蛙等。要获得理想的实验结果，必须选用健康状况良好的动物。一般地说，健康的温血动物表现行动活泼，反应灵活，毛色光泽，两眼明亮，眼、鼻无分泌物，食欲良好等。健康的蟾蜍和蛙，其皮肤湿润，喜爱活动。如果进行慢性实验，还应选择年轻健壮的动物。体弱年老的动物往往反应迟钝或过敏，对麻醉和手术的耐受能力差，术后也不易恢复，这样会影响实验结果。此外，也要根据实验内容和要求对动物的种类和个体进行选择，使其解剖和生理特点尽量符合实验要求。例如要研究主动脉弓压力感受性反射，常选用家兔，因为它的主动脉神经在颈部一段与其他神经分开走行，自成一束给实验研究带来方便；如果选用狗或猫，则因其主动脉神经与其他神经混合在一起走行，在研究方法上就带来困难。对动物个体的选择，主要是对动物的性别、年龄、进行选择。例如用豚鼠进行耳蜗微音器电位或微音器效应研究时，就应选择月龄适当小一点的豚鼠，因为月龄小其颅骨不至过硬，减少安插电极的难度。又如进行生殖或性腺的研究，就要选择合适的性别；对于发育有关的研究，就要选择适合的年龄。

一般在进行麻醉前 12 小时停止给动物喂食，但仍需饮水。进行慢性实验的动物，在手术前数天便应对动物进行训练，以便了解所选用动物是否适合这一实验，并使它熟悉环境和实验者。手术前一天要给动物清洁处理，必要时洗澡，以便于消毒处理以及减少术后感染。手术后宜由实验者亲自护理喂养，以便于观察动物的情况。

二、动物的麻醉

理想的麻醉药物应具备以下三个条件：第一，麻醉完善，使动物完全无痛；第二，对动物的毒性及所研究的功能影响最小；第三，应用方便。

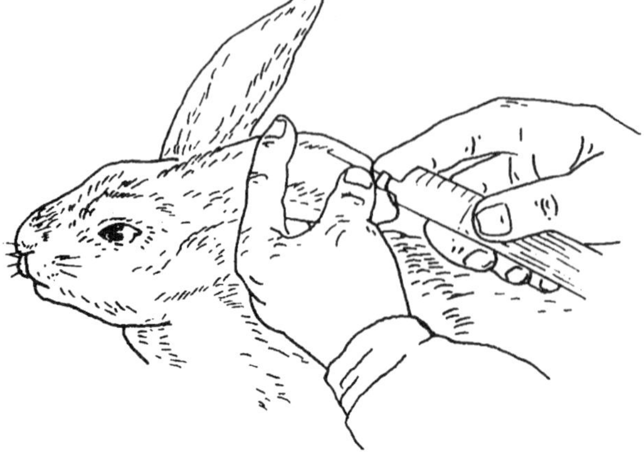

图 3-1　兔耳缘静脉注射法

氨基甲酸乙酯（又名乌拉坦，Urethane，脲脂等）对兔的麻醉效果很好，故常用于家兔的麻醉。本品为无色、无味的结晶粉末，易溶于水，常配成 20%～30%溶液使用。本药可得到较持久的浅麻醉，对呼吸无明显影响。它对家兔的麻醉作用较强，对狗作用较慢，故常用于家兔的急性实验。狗、猫和兔多采用静脉注射、腹腔注射、直肠灌注；鸟类多用肌内注射；蛙类则采用皮下淋巴囊注射。实验表明如长期应用于兔或大鼠，可能诱发肿瘤。故需长期存活的慢性实验动物，最好不用它做麻醉。

戊巴比妥钠（sodium pentobarbital 或 nembutal）为白色粉末，本药为生理学实验常用的药物，它适用于大多数动物。常配成3%～5%的水溶液，一般多由静脉或腹腔注射。一次给药的有效麻醉时间为2～4小时，但不可随意加药，否则麻醉过量，严重时可导致呼吸、循环抑制，甚至死亡，故静脉注射速度宜慢。

兔的静脉麻醉　兔常用耳缘静脉注射。兔耳外缘血管为静脉，中央血管为动脉。注射前可用兔箱固定兔体或直接由一人固定头部，防止注射时挣扎。另一人先在耳缘静脉的注射部位剪去毛，用纱布浸水湿润注射部位，并轻揉局部使之充血。随后用左手示指和中指夹着耳缘静脉近心端以阻断静脉回流而充盈。用左手的拇指和环指固定兔耳廓，右手持有麻药的注射器，顺静脉回流方向刺入静脉内。确认针头在血管内后，将左手示指和中指移至针头处夹持静脉内针头以固定之。右手缓慢推动注射器筒芯，将药液注入静脉内（图3-1）。注意，推注药液时不应遇到明显阻力，局部组织无肿胀现象，否则是注射针头脱离了静脉管腔，必须重新穿刺。注射部位应从静脉的远心端开始，以便能进行多次重复注射。

使用麻醉药的注意事项

1. 根据动物品种、健康状况、实验内容决定应用麻醉药的种类和剂量。

2. 正确掌握用药剂量，静脉注射时速度要缓慢，否则会导致动物反应强烈甚至死亡。

3. 不同动物的个体对麻药的耐受性是不同的。因此，在整个麻醉过程中，除参照上述的一般用量标准外，还必须密切注意观察动物的状态和反应，决定麻药的用量。麻醉的深浅，可根据呼吸的深度、速度和节律，角膜反射的灵敏程度，四肢和腹壁肌肉的紧张性及皮肤夹捏反应等来判断。当呼吸深慢、腹壁肌肉弛缓、角膜反射迟钝或消失时，应立即停止麻醉，可进行手术。若实验过程中动物逐渐清醒，可适量补注麻药，但一次不应超过原剂量的1/5。

三、动物的固定

在实验过程中，为了手术操作方便和正确进行观察记录，必须适当限制动物的活动。例如在慢性实验中，往往将动物固定在特制的实验架上，做慢性实验的预备手术或急性实验时，则需要将麻醉后的动物固定在手术台或实验台上。根据实验内容和动物的种类而决定固定动物的方法，一般多采取仰卧位或俯卧位，前者适用做颈、胸、腹、股等部位实验；后者适用做脑和脊髓部位的实验。

（一）狗的固定方法

1. 狗头的固定　将狗麻醉完善后，以仰卧位置于实验台上，用狗头夹固定头部。狗头夹为一圆铁圈，上面横有一根略弯铁条，与螺旋铁棒相连；下面为一平直并可抽出的铁条。固定时先拉出狗舌，将铁圈套住狗嘴，再将平直铁条插入上、下颌之间，再次旋紧螺旋铁棒，使弯形铁条恰好压在狗鼻梁上（俯卧位）或上、下颌上（仰卧位），最后将铁圈的铁柄固定于实验台上。

2. 狗的四肢固定　先用绳索的一端分别绑在后肢的踝关节上部和前肢的腕关节上部，将两后肢分开绑在手术台两侧的固定钩上。两前肢须平直放在两侧。亦可将绑左、右两前肢的两根绳索从狗背后交叉穿过，分别绑在手术台两侧的固定钩上。这种将两前肢于背部交叉后再固定的方法，尤其利于颈部、胸腹部手术野的暴露。缚扎四肢法如图3-2所示。若狗作俯卧位固定，则两根绳索可不交叉，而直接绑在同侧手术台的固定钩上。

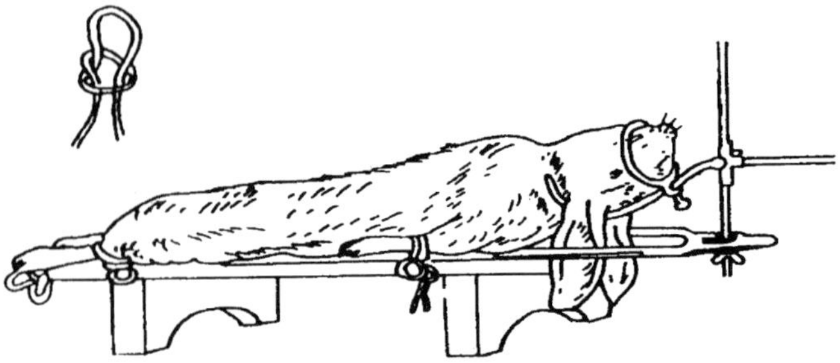

图 3-2 兔台固定法

（二）猫和兔的固定

1. 头部的固定　分别用特制的猫头夹和兔头夹固定。固定兔头时，先将麻醉完善的兔颈部放在兔头夹的半圆形铁圈上，再把嘴套入铁圈内，最后将兔头夹的铁柄固定在实验台上。另一固定方法是用一根绳索，一端拉着兔的两只门齿，另一端拴在实验台前的铁柱上。此法操作简便，头颈平直，又可避免机械损伤，故常在手术中采用。

如果做头颅部手术时，可用马蹄形兔头固定器来固定头部。其方法是在两侧眼眶下部剪去一小块皮毛，暴露颧骨突，用 1mm 直径钻头钻一小孔，将固定器两侧的尖头金属棒嵌入小孔内加以固定。再调节固定器中间的金属棒，使其尖端紧嵌在两上门齿缝之间，并加以固定。若提高或放低固定器前端的垂直铁柱，则可分别使动物的头部上仰或下俯，以使头部的位置适合实验操作。

2. 四肢的固定　兔、猫取仰卧位时，四肢固定的方法与前述狗的方法相同。若取俯卧位固定，前肢缚绳无须左右交叉，分别将四肢缚绳直接固定于实验台两侧前、后固定钩上即可。

四、急性动物实验的基本操作

（一）切口和止血

用哺乳动物进行实验时，在做皮肤切口之前，先将预定切口部位及将其周围的长毛剪去。然后选好确切的切口部位和范围，必要时做出标记。切口应按手术的需要有适当的大小，既要有足够的暴露便于操作，又不可造成过大的损伤。术者左手拇指外展，另外四指并拢将预定切口两侧的皮肤固定。右手持手术刀，以适当的力量，一刀全线切开皮肤和皮下组织。做切口时必须注意解剖结构特点，以少切断神经、血管为原则。因此应尽可能使切口与各层组织的纤维方向一致。若肌纤维走向与切口纵轴一致时，可剪开肌膜，用手术刀柄、止血钳或手指将肌纤维钝性分离至所需长度，否则需将肌肉横行切断或剪断。切口自外至内应外大内小，以便于操作、观察和止血。

在手术过程中必须及时注意止血，否则会导致动物出血过多，致使手术野血肉模糊，目标混淆不清，妨碍手术操作，延误手术时间。出血的处理，视破裂血管的大小而定。一般来说，微血管渗血可用温热盐水纱布轻轻按压止血。较大血管出血，先用止血钳将出血点及其周围的小部分组织一并夹住，然后用线结扎。更大血管出血，或血管虽不很大，但出血点较多且比较集中（如肌肉的横断面），最好用针线缝过局部组织，进行贯穿结扎，以免结线松脱。使用止血钳时，应避免钳夹组织过多，否则，既加重损伤，又不易用线结扎紧。

有些组织，如脑、肝等，不适宜用结扎止血的组织，可使用止血胶或止血海绵。

纱布只用于吸血，切不可用作揩擦组织，以免组织损伤及血凝块脱落加重出血，在实验间歇期间，应将切口暂时闭合，用盐水纱布盖好，以防组织干燥和体内热量散失。

（二）神经血管剥离术

神经和血管是比较娇嫩的组织。因此在剥离的过程中要细心、认真和耐心，动作要轻柔。剥离较小的神经、血管，可用玻璃分针沿神经、血管走向进行分离，必要时可用眼科剪分离周围的软组织。若剥离较大的神经、血管，可用蚊式止血钳将神经或血管周围的结缔组织稍加分离在一个小破口，然后用大小适宜的止血钳插入该小破口内，沿神经、血管走向逐渐扩大，使神经或血管从周围的结缔组织中游离出来。若遇到一些较坚韧的组织，可用眼科剪将其剪断。遇到神经小分支，可用眼科剪剪断，切勿强行牵拉，以免造成损伤。遇到动脉小分支，分别用两道线牢固结扎之后，在中间剪断。游离神经、血管段的长度，视需要而定。

剥离神经、血管不可用带齿的镊子进行，也不可使用止血钳或镊子夹持，以免使结构或功能受损。在手术过程中，要特别注意保持解剖位置，切勿把结构关系弄乱。

剥离完毕，在神经或血管下方穿过浸透生理盐水的缚线（根据需要穿一根或两根），以备刺激时提起或结扎之用。然后用浸透生理盐水的纱布覆盖，以防组织干燥。或在创口内滴加适量的温热（37℃左右）石蜡油，使神经浸泡其中。

（三）气管插管术

在哺乳类动物急性实验中，为了保证呼吸道通畅，一般均要做气管切开术，插入气管插管，使动物通过气管插管呼吸。动物仰卧于手术台上，剪去颈部的毛。在紧靠喉头下缘颈前正中线切开皮肤（切口长短因动物不同而异，兔 4cm 左右，狗可稍长一些），用止血钳分开颈前正中的肌肉、暴露出气管，再分离开气管两侧及食管之间的结缔组织，使气管游离开来。并在已暴露的气管下面用镊子穿过一条较粗的缚线，在喉头下 2～3cm 处的两软骨环之间，横向切开气管前壁，再用尖剪刀向气管下端（朝肺方向）做一个约 0.5cm 的纵切口，使整个切口呈倒“T”字形。若气管内有分泌物或血液，要用小棉球拭净。然后一手提起刚才穿于气管下的缚线，另一手将口径适当的气管插管（在能插入前提下，气管插管的内径越粗越好），由切口向肺端插入气管腔内，用事先穿过的缚线结扎固定（图 3-3）。

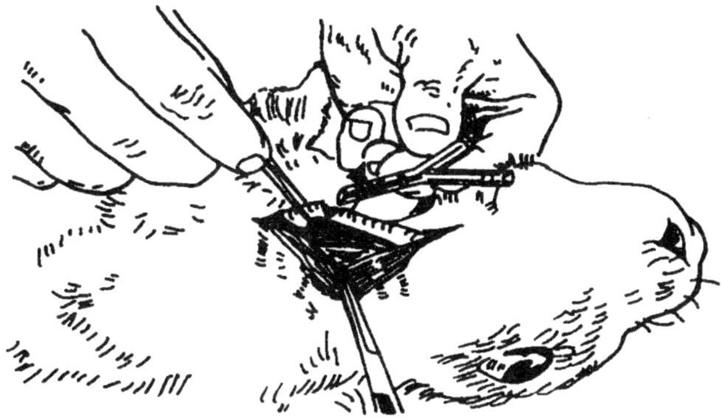

图 3-3 气管插管法

（四）手术打结

外科手术打结有多种方法，其中持钳打结是器械打结的一种，在生理学动物实验中非常适用和方便，打结方法见图 3－4。

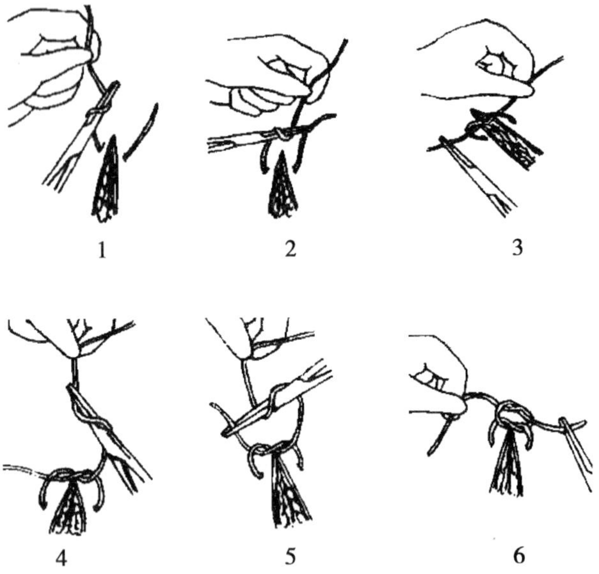

图 3－4 持钳打结方法示意图

五、常用手术器械

常用手术器械见图 3－5。

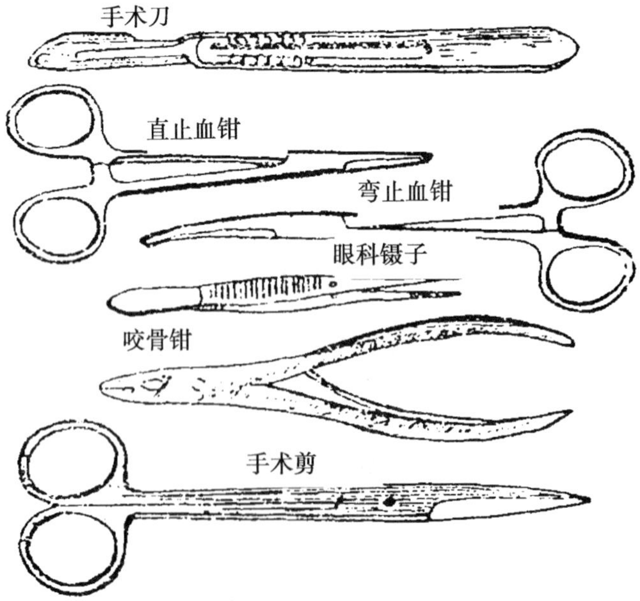

图 3－5 哺乳类动物手术常用器械

（一）蛙类手术器械

1. 剪刀 细剪刀（手术剪）或眼科剪刀，用于剪神经和血管等细软组织；粗剪刀剪骨、肌肉和皮肤等粗硬组织。

2. 镊子　分有齿、无齿和眼科镊。有齿镊用于夹捏皮肤，无齿镊用于夹皮下组织、脂肪、黏膜等，眼科镊用于夹捏细软组织。

3. 金属探针　用于破坏脑和脊髓。

4. 玻璃分针　用于分离神经和血管等组织。因其光滑故对神经和血管不易产生损伤。

5. 锌铜弓　用于对神经肌肉标本施加刺激，检查其兴奋性。

6. 蛙心夹　使用时将一端夹住心尖，另一端借缚线连于杠杆或换能器，以进行心脏活动的描记。

7. 蛙板　约为 20cm×15cm 的木板，板中央可嵌一玻璃片。蛙板用于固定蛙类，可用图钉或大头针将蛙腿钉在板上。

制备神经肌肉标本应在清洁的玻璃板上操作。

（二）哺乳类手术器械

1. 手术刀　用于切开皮肤和脏器。常用的持刀法有 2 种。一种是执弓式（图 3-6 左），用于颈部、腹部等大切口；另一种为执笔式（图 3-6 右），用于短小、用力轻柔、操作需精细的切口。

图 3-6　执刀方法

2. 剪刀　剪毛、皮肤、皮下组织和肌肉时使用粗剪刀，剪破血管以便插管时使用细剪刀。禁用细剪刀剪骨头等坚硬组织。持剪刀的方法是以拇指和环指分别插入剪柄的两环，中指放在环指指环的前外方柄上，示指轻压在柄和剪刀片交界处的轴节处（图 3-7）。

图 3-7　执剪姿势（左）和执镊姿势（右）

3. 镊子　夹捏较大或较厚的组织和牵拉皮肤切口时，使用圆头镊子或有齿镊；夹捏细软组织时用眼科镊或钟表镊。执镊时，用拇指对着示指和中指。

4. 止血钳　除用于止血外，有齿的用于提起皮肤；无齿的分离皮下组织。蚊式止血钳较细小，适于分离小血管及小神经周围的结缔组织。

5. 皮钳　其尖端变宽、并有齿，可用来牵引皮肤、肌肉等组织。

6. 骨钳　用于打开颅腔和骨髓腔时咬切骨质。

7. 颅骨钻　开颅钻孔用。

8. 动脉夹 用于阻断动脉血流。

9. 气管插管 急性动物实验时插入气管，以保证呼吸道畅通。

10. 血管插管 把细硅胶管一端剪成斜面，即可作动脉插管用。动脉插管在急性动物实验时插入动脉，另一端接压力换能器或水银检压计，以记录血压。静脉插管插入静脉固定，以便在实验过程中，随时用注射器通过插管向动物体内注射各种药物和溶液。血管插管插入动脉和静脉，也可进行器官灌流实验。

11. 注射器 20ml 注射器主要用于大动物麻醉时注射麻醉药用；5ml 注射器主要用于大动物实验给药用或给压力换能器灌注肝素和排气泡用；1ml 注射器主要用于实验给药用。安装针头时，要让针尖的斜面和针筒刻度面相对，如图 3－8。

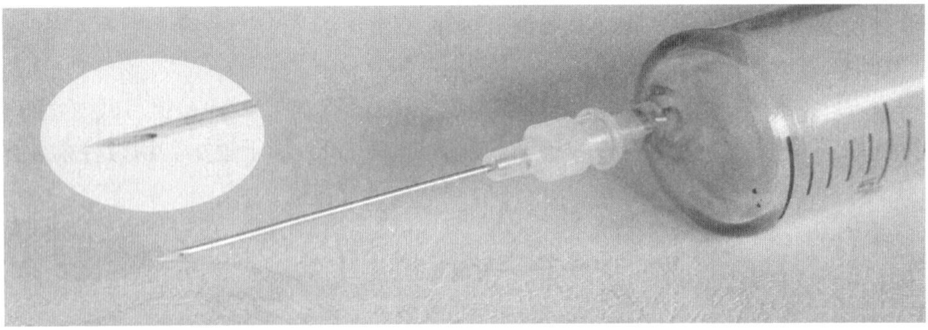

图 3－8 注射器针头的安装

12. 三通管 与压力换能器侧管相连，用于给压力换能器灌注抗凝液体和排放气泡。按三通管箭头所示方向旋转旋钮，可改变灌注液流向。若旋转 45°，则流向关闭，如图 3－9。

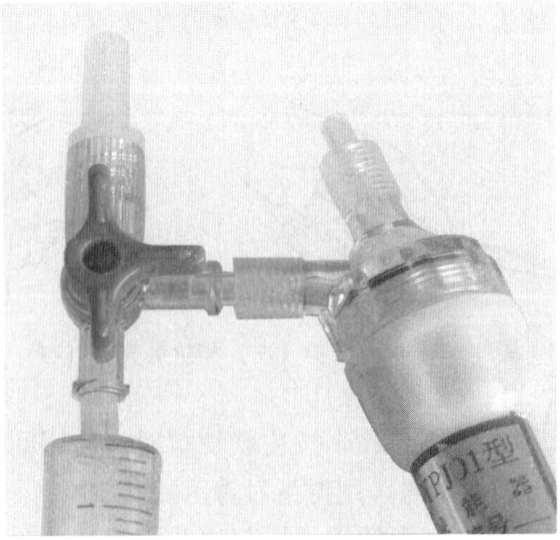

图 3－9 三通管及与压力换能器的连接

（闫秀英）

第四章　常用的动物基本手术方法

第一节　蟾蜍脑脊髓破坏术

【目的】

破坏脑和脊髓，便于对其进行实验操作。

【实验方法】

取蟾蜍一只，用自来水冲洗干净皮肤。左手握住蟾蜍，用示指按压其头部前端，拇指按压背部，右手持探针，从相当于枕骨大孔处垂直于体表表面刺入颅腔。眼球与毒腺之间的皮肤皱褶与对侧的皱褶相交于正中线之交点，即为枕骨大孔的投影（图 4－1）。刺入枕骨大孔后探针折向尾端，继之向颅腔插入，左右搅动，充分捣毁脑组织。然后将探针抽回至进针处，再向后刺入脊椎管，反复抽插捣毁脊髓。此时如蟾蜍四肢松软、呼吸消失，表明脑和脊髓已完全破坏，否则应按上法反复进行。

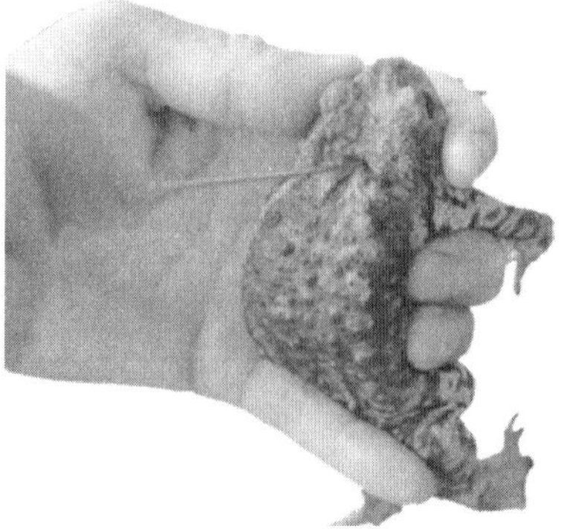

图 4－1　探针刺入枕骨大孔

第二节　家兔的颈部手术

【目的】

分离出气管、颈总动脉、颈迷走神经、颈交感神经、减压神经等结构。

【实验方法】

家兔称重、麻醉、仰卧位固定后，颈部剪毛。

1. 切皮　做长 5～7cm 的正中切口。方法一，用手术刀自上而下沿正中线切开皮肤。此方法简便快捷，但易伤及皮下变异走行的大静脉。方法二，以正中线为对称轴，两把止血钳对称地在正中线两侧提起皮肤，然后用剪刀依次剪开皮肤达需要长度。此方法可有效避开皮下大静脉。

2. 分离皮下组织和浅层肌肉　依照上述切皮的第二种方法进行。

3. 分离颈部血管和神经束　沿纵行的气管前肌和斜行的胸锁乳突肌间钝性分离，将胸锁乳突肌向外侧分开，即可见到深层位于气管旁的血管神经束，仔细辨认并小心分离两侧的迷走神经、交感神经和减压神经（图 4－2），下穿不同颜色的湿丝线备用。然后分离双侧的颈总动脉，穿线备用。

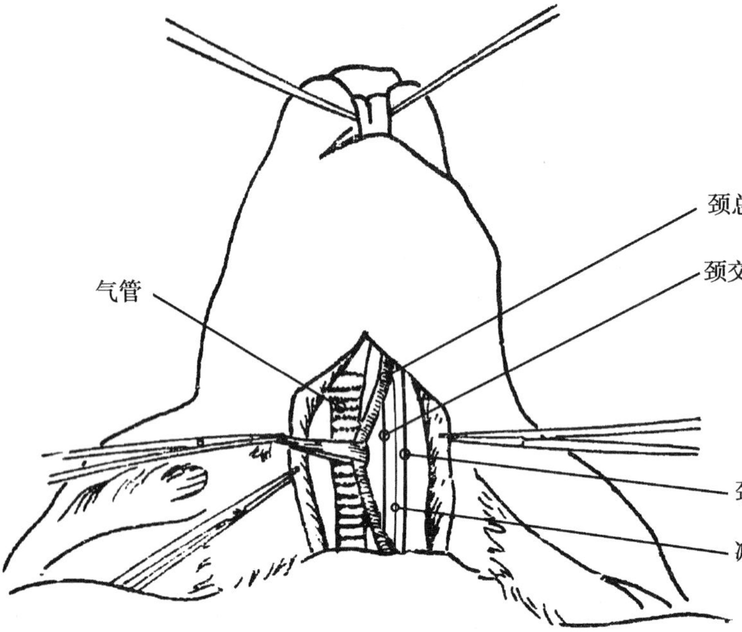

图 4－2　兔颈前部血管神经

第三节　家兔膈肌小片分离术

在剑突下方沿腹白线做一 3～4cm 的切口，在剑突内侧面附着有两块小膈肌片，用兔心夹或小钩（可用大头针弯成）夹或钩住膈肌小片，夹子或钩上的丝线与机械换能器相连，调整适当的松紧度。

第四节　兔输尿管插管术及膀胱插管术

一、膀胱插管术

在耻骨联合上方，沿正中线做一个长 2～3cm 的切口。沿腹白线切开腹壁，将膀胱移出体外，在膀胱顶部用连续缝线做一个荷包缝合，在缝线中心做一小切口，插入膀胱插管，收紧缝线以关闭膀胱切口，膀胱插管通过橡皮管与记滴器相连。

二、输尿管插管术

在耻骨联合上方沿正中线向上做 5cm 长的皮肤切口，沿腹白线切开腹腔，将膀胱移出体外，暴露膀胱三角，仔细辨认输尿管，并将输尿管与周围组织轻轻分离，避免出血。用线将输尿管近膀胱端结扎，在结扎的上部剪一斜口，把充满生理盐水的细塑料管向肾方向插入输尿管内，用线轻扎固定，进行导尿，可以看到尿液从细塑料管中慢慢地逐滴流出（注意：塑料管要插入输尿管管腔内，不要插入管壁肌层与黏膜之间；插管方向应与输尿管方向一致，勿使输尿管扭结，以免妨碍尿液流出）。手术完毕后用温热的（38℃左右）生理盐水纱布将腹部切口处盖住，以利保持腹腔内温度。将细塑料管连至记滴器。

第五节　犬的股静脉分离及插管术

在急性动物实验中，为了便于在实验过程中随时向静脉注射各种药物，以观察其对机体各系统、器官活动的影响，常要进行静脉插管。

目前常用的静脉插管为一种软硬适中、无毒的塑料导管。其一端套入大小匹配的注射针头，针头与注射器连接（注射器最好吸入少量抗凝剂，以防血液凝固）。塑料管的另一端插入静脉管腔。插管前应先将注射器内的空气驱尽，塑料导管充满生理盐水。

静脉插管的插入部位，应按需要而定。若实验动物是犬，常用股静脉。剪去腹股沟三角区的长毛，沿血管行走方向做一个4～5cm长的皮肤切口。用小止血钳钝性分离肌肉和深筋膜，暴露出股神经和股血管（股动脉在外，股静脉在内，股神经在股动脉的背外侧）。用蚊式止血钳将股静脉分离出一段，在其下方穿两条缚线，用其中一条线将被游离的静脉远心端结扎。左手提起结扎线，右手持锐利眼科剪，与血管成45°角，在较近结扎线的头侧，将静脉管壁剪一斜口（呈“V”字形）。然后将充满生理盐水的塑料导管插入管腔内，用余下的那根缚线结扎固定（图4-3）。

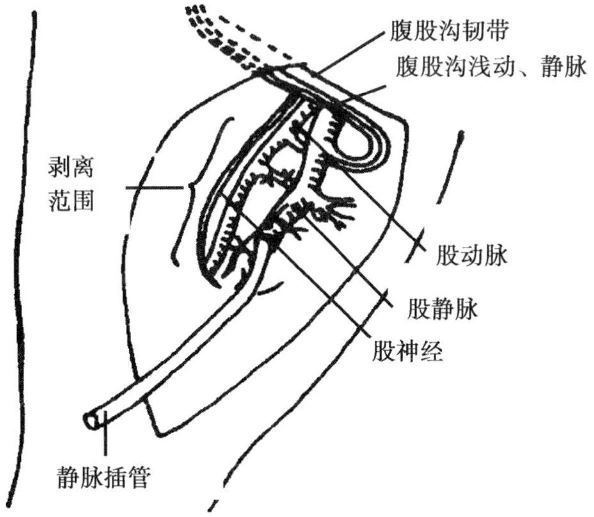

图4-3　股静脉及插管位置

（闫秀英　赵占荣）

各　论

第五章　细胞生理实验

实验一　坐骨神经-腓肠肌标本制备

【目的和原理】

蛙类的一些基本生理活动规律与温血动物相似，而维持其离体组织正常活动所需的理化条件比较简单，易于建立和控制。因此，在实验中常用蟾蜍或蛙的坐骨神经-腓肠肌标本来观察兴奋与兴奋性、刺激与肌肉收缩等基本生理现象和过程。故制备坐骨神经-腓肠肌标本是生理实验中必须掌握的一项基本技能。

【实验对象】

蟾蜍或蛙。

【实验器材和药品】

蛙板、普通剪刀、手术剪、镊子、探针、玻璃分针、蛙钉、瓷盘、滴管、培养皿、锌铜弓、林格液。

【实验方法】

1. 破坏脑和脊髓　取蟾蜍一只，用自来水冲洗干净。左手握住蟾蜍，用示指按压其头部前端，拇指按压背部，右手持探针从相当于枕骨大孔处刺入颅腔，左右搅动充分捣毁脑组织。然后将探针抽回至进针处，再向后刺入脊椎管，反复抽插捣毁脊髓（图 5－1）。此时如蟾蜍四肢松软，呼吸消失，表明脑和脊髓已完全破坏，否则应按上法反复进行。

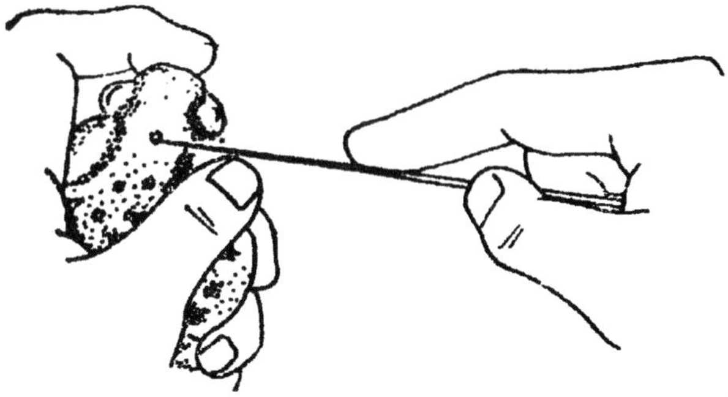

图 5－1　破坏蟾蜍脑脊髓的方法

2. 剪除躯干上部及内脏　在骶髂关节水平以上 0.1～1cm 处剪断脊柱，左手握住蟾蜍后肢，用拇指压住骶骨，使蟾蜍头与内脏自然下垂，右手持普通剪刀，沿脊柱两侧剪除一切内脏及头胸部，留下后肢、骶骨、脊柱以及脊柱两侧的坐骨神经（图 5－2）。剪除过程中注意勿损伤坐骨神经。

3. 剥皮　握紧脊柱断端（注意不要握住或压迫神经），右手握住其上的皮肤边缘，用力向下剥掉全部后肢的皮肤（图 5－3）。把标本放于盛有林格液的培养皿中。将手及用过的剪刀、镊等全部手术器械洗净，再进行下面步骤。

4. 分离两腿　用镊子夹住脊柱将标本提起，背面朝上，剪去向上突起的尾骨（注意勿损伤坐骨神经）。然后沿正中线用剪刀将脊柱和耻骨联合中央劈开，并完全分离。将两条腿浸入林格液的培养皿中。

5. 制作坐骨神经腓肠肌标本　取一蛙腿置于蛙板上的玻璃板上。

（1）游离坐骨神经：将腿标本腹面朝上放置，用玻璃针沿脊柱旁游离坐骨神经，并于近

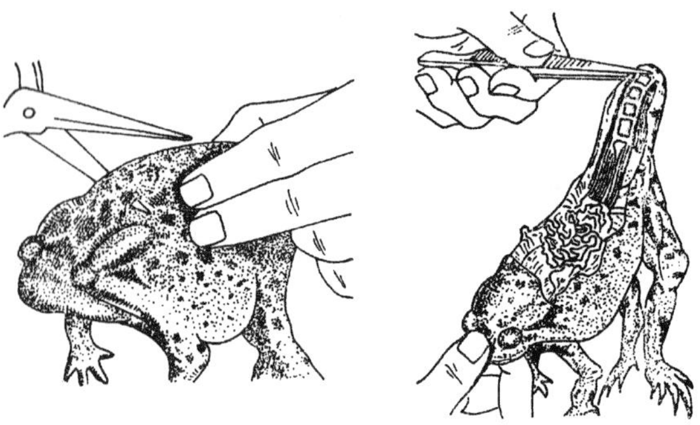

图 5-2 剪除躯干上部及内脏

脊柱处穿线结扎。再将标本背面朝上放置，把梨状肌及其附近的结缔组织剪去。循坐骨神经沟（股二头肌与半膜肌之间的裂缝处），找出坐骨神经的大腿段（图 5-4）。用玻璃针仔细剥离，然后从脊柱根部将坐骨神经的所有分支剪断，并将神经一直游离至腘窝。

（2）完成坐骨神经小腿标本：将游离干净的坐骨神经搭于腓肠肌上，在膝关节周围剪掉全部大腿肌肉，并用普通剪刀将股骨刮干净，然后在股骨中部剪去上段股骨，保留的部分就是坐骨神经小腿标本。

（3）完成坐骨神经腓肠肌标本：将上述坐骨神经小腿标本在跟腱处穿线结扎后，于结扎处远端剪断跟腱。游离腓肠肌至膝关节囊将小腿其余部分剪掉，这样就制得一个具有附着在股骨上的腓肠肌并带有支配腓肠肌的坐骨神经的标本（图 5-5）。

图 5-3 剥掉后肢皮肤

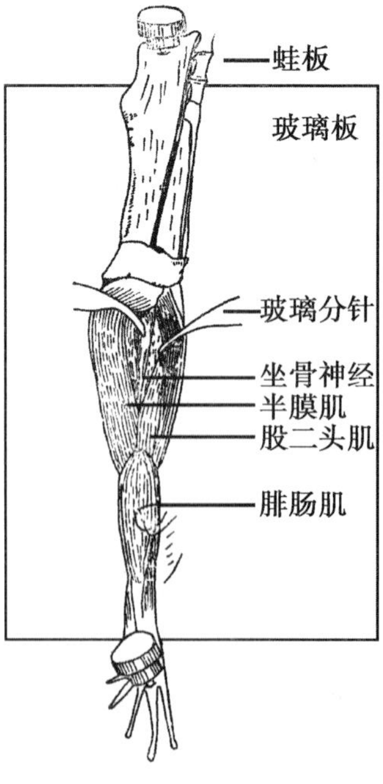

图 5-4 分离坐骨神经

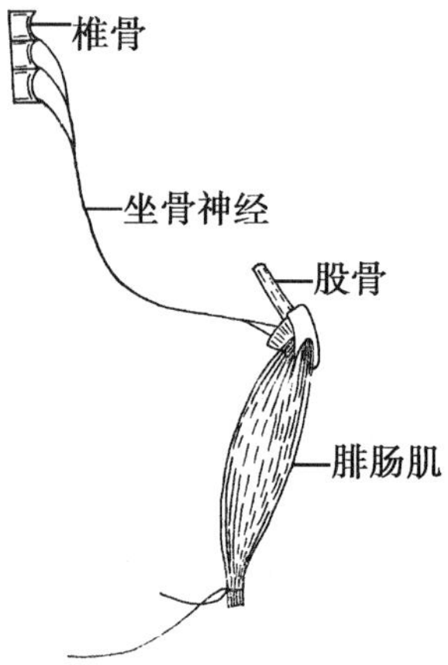

图 5-5 坐骨神经腓肠肌

6. 检查标本兴奋性：用经林格液润湿的锌铜弓轻轻接触一下坐骨神经，如腓肠肌发生迅速而明显的收缩，则表明标本的兴奋性良好，即可将标本放在盛有林格液的培养皿中，以备实验用。若无锌铜弓，亦可用中等强度单个电刺激做上述测试。

【实验要求】

掌握制备坐骨神经腓肠肌标本的技能，并获得兴奋性良好的标本。

【注意事项】

1. 操作过程中，勿污染、压榨、损伤、过度牵拉神经和肌肉。

2. 经常给神经和肌肉上滴加林格液，防止表面干燥，以保持其正常兴奋性。

实验二　不同刺激强度对肌肉收缩的影响

【目的和原理】

观察给予不同强度刺激时骨骼肌的收缩情况，以验证刺激与反应的关系。坐骨神经是由多条神经纤维组成的神经干，神经干中各组成纤维的兴奋性有所不同。适宜的刺激条件下，使其中兴奋性最高的那些纤维发生兴奋时所需的最低刺激强度，被称为神经兴奋的阈刺激强度。若以该神经所支配肌肉的收缩作为神经兴奋的检测指标，将刚刚引起肌肉收缩所需的刺激强度称为阈刺激强度。随着刺激强度的增加，坐骨神经干中发生兴奋的纤维数目随之增多，肌肉收缩的幅度也随之增大。当神经干中的全部纤维都发生兴奋时，所需的最低刺激强度称为最大刺激强度。此时，它所支配肌肉的收缩幅度达到最大。阈刺激强度至最大刺激强度之间的刺激称为阈上刺激强度。超过最大强度的刺激，神经所支配肌肉的收缩幅度不再增强。过强的刺激容易引起神经和肌肉的疲劳和损伤。

【实验对象】

蟾蜍或蛙。

【实验器材和药品】

BL－420F 系统、张力换能器、刺激电极、蛙类手术器械、铁支架、双凹夹、培养皿、滴管、林格液等。

【实验步骤和观察项目】

1. 制备坐骨神经腓肠肌标本，在林格液中浸泡 10 分钟左右，使其兴奋性较稳定。

2. 仪器标本连接

(1) 将张力换能器固定在铁支架上，肌肉标本的股骨固定于支架下端，腓肠肌跟腱的结扎线连于张力换能器的受力片上，连线应松紧适宜，并与桌面垂直，张力换能器的输入端接 BL－420F 系统的 1 通道插座。

(2) 把穿好线的坐骨神经轻轻提起，放在刺激电极上或将刺激电极与肌肉直接接触。

3. 软件操作　启动 BL－420F 系统

(1) 依次选定“实验项目”“肌肉神经实验”“刺激强度与反应的关系”。

(2) 在弹出的“设置刺激强度与反应关系实验参数”对话框中输入相关参数，默认状态：起始刺激强度 10mV，刺激强度增量 10mV，刺激时间间隔 5 秒，实验方式选择“程控”。以上参数可根据标本状态重新设定。

(3) 测定阈值和最大刺激强度：开始记录。从初始刺激强度开始，启动刺激，以相同幅值递增强度并每隔约 15 秒按 F5 刺激肌肉，直至出现肌肉收缩，记录此时的强度（即阈值，相应的刺激即为阈刺激）。随后增大刺激强度，收缩曲线亦增大，当收缩曲线增到最大时

（不再随刺激强度而增大），该刺激强度即为最大刺激强度，该强度的刺激称最大刺激，相应的收缩为最大收缩。

（4）实验完毕，结束实验，进行资料重显（即反演）、剪辑并打印结果。需在记录纸上注明每次刺激的强度，标出阈刺激与最大刺激。

【注意事项】

每两次刺激之间要让标本休息 15 秒，并用林格液湿润标本，以保持良好的兴奋性。

实验三 不同刺激频率对肌肉收缩的影响

【目的和原理】

当给肌肉一个阈上刺激时，肌肉即发生一次收缩反应，称为单收缩。单收缩的全过程可分为潜伏期、收缩期和舒张期。蟾蜍腓肠肌的单收缩共历时 0.12 秒，若给肌肉两个以上有效刺激，且使每两个刺激的间隔时间大于该肌肉单收缩的总时程，则肌肉将出现一连串各自分离的单收缩。若增加刺激频率，使每两个刺激的间隔时间小于该肌肉单收缩的总时程，则引起肌肉的收缩可以总和起来，出现连续的收缩，称为复合收缩。包括①不完全强直收缩：刺激间隔短于单收缩时程而长于收缩期，即新的收缩发生于前次收缩的舒张期，肌肉的收缩反应可以融合，出现持续的锯齿状收缩曲线。②完全强直收缩：继续增加刺激频率，使刺激间隔短于收缩期，每次新的收缩都产生于前次收缩的收缩期中，肌肉的收缩反应完全融合而出现一持续的收缩曲线。强直收缩产生的肌张力要比单收缩强 3 ~ 4 倍。

本实验的目的在于观察刺激频率与收缩形式之间的关系，从而了解强直收缩的成因。

【实验对象】

蟾蜍或蛙。

【实验器材和药品】

BL－420F 系统、张力换能器、刺激电极、蛙类手术器械、铁支架、双凹夹、培养皿、滴管、林格液等。

【实验步骤和观察项目】

1. 制备坐骨神经腓肠肌标本、仪器标本连接：同实验二不同刺激强度对肌肉收缩的影响。

2. 软件操作和观察项目　启动 BL－420F 系统：

（1）依次选定“实验项目”“肌肉神经实验”“刺激频率与反应的关系”。

（2）在弹出的“设置刺激频率与反应关系实验参数”对话框中输入三种收缩形式的刺激参数，包括刺激强度、刺激频率和个数等。默认状态为：刺激强度 2.0V，频率阶梯 2Hz（表 5－1）。

表 5－1　刺激频率与反应关系实验参数

收缩形式	刺激频率（Hz）	个数	时延（s）
单收缩	1	3	3
不完全强直收缩	5	15	3
强直收缩	20	60	10

3. 若选定“经典实验”，系统将按照设置输出三组不同的刺激；若选定“现代实验”，

系统以初始频率为基础，按频率阶梯数值递增刺激频率。观察收缩形式的变化。

【注意事项】

1. 每两次刺激之间必须让标本休息 15 秒。

2. 经常给标本滴加林格液以维持兴奋性于良好状态。

实验四　神经干的动作电位

【目的和原理】

可兴奋组织兴奋时，膜电位发生一短暂的变化，由安静状态下的膜外正、膜内负（静息电位）变为兴奋状态下的膜外负、膜内正（去极化）。这种短暂的可传播的膜电位变化称为动作电位。它可作为兴奋的客观标志。如果神经干的兴奋先后通过两个引导电极处，可记录到两个方向相反的电位偏转波形，称为双向动作电位。如果两个引导电极之间的神经有损伤，则兴奋不能由第一个电极传至第二个电极，只能记录到一个方向的电位偏转波形，称为单向动作电位。神经干由很多兴奋性不同的神经纤维组成，故其动作电位的幅度在一定范围内可随刺激强度的变化而变化，这与单根神经纤维的动作电位不同。

本实验用电生理方法引导、记录蟾蜍坐骨神经（混合神经干）的复合动作电位，以观察其基本波形。

【实验对象】

蟾蜍或蛙。

【实验器材和药品】

BL－420F 系统、蛙类手术器械、神经屏蔽盒、滴管、林格液等。

【实验步骤】

1. 蟾蜍坐骨神经-腓神经标本制备　与坐骨神经-腓肠肌标本制备方法大体相同，但分离皮肤时要用剪刀剪断皮下结缔组织，不要撕皮；分离神经时，用剪刀剪开周围的结缔组织膜和神经分支，以免损伤神经主干。分离出膝关节以上的坐骨神经后，再向下分离腓神经和胫神经至踝关节。在脊柱根部和踝关节处分别用棉线结扎神经两端，在结扎线以外剪断神经。轻轻提拉结扎线，把坐骨神经-腓神经标本浸入盛有林格液的培养皿中备用。

2. 按图 5－6 连接仪器。

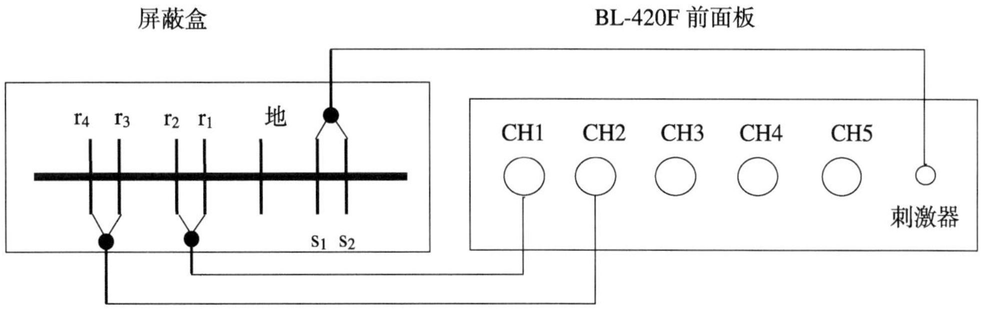

图 5－6　引导神经干动作电位的装置

r_1r_2 和 r_3r_4 为两对引导电极，s_1s_2 为刺激电极，地：接地

（BL—420F 系统：r_1r_2 接 1 通道插座，r_3r_4 接 2 通道插座，s_1s_2 接刺激输出插座）

3. 将神经干标本置入屏蔽盒。

4. 软件操作 启动 BL－420F 系统依次选定“实验项目”“神经肌肉实验”“动作电位”。如动作电位理想，开始记录。

【观察项目】

1. 双向动作电位 调整刺激强度、增益等参数，使出现理想的双向动作电位。开始记录。测量动作电位的波幅和波宽。

2. 测定阈值和最大刺激强度 选定“刺激强度 1”，强度值从最小开始逐渐增大，至动作电位刚出现时为阈值，随后增大刺激强度，动作电位亦增大，当动作电位增到最大时（不再随刺激强度而增大），该刺激强度即为最大刺激强度，相应的刺激为最大刺激。

3. 单向动作电位 用镊子将 r1、r2 电极之间的神经夹伤，动作电位第二相消失，出现单向动作电位。

实验结束后剪辑并打印结果。

【注意事项】

1. 经常给标本滴加林格液以维持兴奋性于良好状态。

2. 神经干应与每个电极密切接触，且不可打折。

3. 实验完毕应仔细清洗并擦干标本盒，以免残留的盐溶液导致电极腐蚀生锈。

实验五 神经纤维兴奋传导速度的测定

【目的和原理】

动作电位在神经纤维上的传导有一定速度。神经干是由不同阈值和传导速度的神经纤维组成的混合神经。根据两组记录电极引导的两个峰电位尖之间的时间差，可算出兴奋在神经上的传导速度，传导速度的快慢主要在于纤维粗细及有无髓鞘的影响。通过本实验可了解神经兴奋传导速度测定的基本原理和方法。

【实验对象】

蟾蜍或蛙。

【实验器材和药品】

BL－420F 系统、蛙类手术器械、神经屏蔽盒、滴管、林格液等。

【实验步骤和观察项目】

1. 标本制备仪器连接 同实验四“神经干的动作电位”。

2. 软件操作及传导速度测定 启动 BL－420F 系统

（1）依次选定“实验项目”“神经肌肉实验”“神经干兴奋传导速度测定”。如动作电位理想，开始记录。

（2）在弹出的“传导电极距离”对话框中，输入 r1、r3 引导电极的实际距离，按“OK”键。

（3）间断点击工具条“启动刺激器”按钮，出现动作电位波形，当波形理想时，点击工具条“区间测量”按钮，测量两动作电位向上的波峰之间的时间，信息区显示时间、传导速度等数值。

【注意事项】

同实验四“神经干的动作电位”。

实验六 神经兴奋不应期的测定

【目的和原理】

可兴奋组织在一次兴奋过程中，其兴奋性会发生一个规律性的时相变化。依次经历绝对不应期、相对不应期、超常期和低常期，然后再恢复到正常的兴奋性水平。本实验通过观察动作电位是否出现及幅值的改变情况来测定神经兴奋不应期。

【实验对象】

蟾蜍或蛙。

【实验器材和药品】

BL－420F 系统、蛙类手术器械、神经屏蔽盒、滴管、林格液等。

【实验步骤和观察项目】

1. 标本制备仪器连接　同实验四“神经干的动作电位”。

2. 软件操作及不应期测定　启动 BL－420F 系统

(1) 依次选定“实验项目”“肌肉神经实验”“神经干兴奋不应期测定”。

(2) 在弹出的“神经干兴奋不应期实验参数”对话框中，输入相关参数。默认状态为起始波间隔 5.00ms，波间隔减量 0.50ms，刺激时间间隔 2s。也可自行设定。实验方式选择程控。波间隔自动按设置逐渐减小，两动作电位靠近，当第二个动作电位刚好变小，记下该时间（T2）；至第二个动作电位消失，记下该时间（T1）。动作电位开始至 T1 为有效不应期，T1 至 T2 大致为相对不应期。

【注意事项】

同实验四“神经干的动作电位”。

（闫长虹）

第六章 血液实验

实验七 血细胞比容的测定

【目的和原理】

血细胞占全血的容积百分比称为血细胞比容，用离心的方法可将有形成分与血浆彼此分离。如果离心的转速和时间控制适宜，则红细胞下沉并彼此紧压而又不改变红细胞的正常形态，从而测定红细胞比容。由于白细胞和血小板所占容积极小，可忽略，故通常测定红细胞比容来代替血细胞比容。本实验的目的是学习血细胞比容的测定方法，理解血细胞比容的概念。

【实验对象】

人或家兔。

【实验器材和药品】

温氏分血管、毛细吸管、5ml 试管或小瓶、5ml 注射器和 7 号注射针头（采人血需事先高温消毒）、草酸钾、草酸铵、离心机等。

【实验步骤和观察项目】

1. 草酸盐抗凝剂的制备　配制方法：草酸钾 0.8g＋草酸铵 1.2g＋蒸馏水至 100ml。将上述溶液取 0.2ml 加入试管或小瓶（如青霉素瓶）内，置于 60～80℃烤箱中烘干待用。本抗凝剂的优点是不改变红细胞的容积。

2. 采血　家兔仰卧位固定，将胸壁心尖搏动明显处的毛剪净，由胸骨左缘外 3mm、3～4 肋间隙将针头刺入胸壁。当针头接近心脏时，就会感到心脏的搏动，此时将针头向内穿刺即可进入心室，当针头进入心室时，血液会自然进入注射器。若采人血，需用消毒的干燥注射器和针头由肘正中静脉抽血。

采血 2ml，立即将血液沿管壁缓缓放入已盛有干燥草酸盐抗凝剂的试管或小瓶中，用拇指堵住管口轻轻翻转试管两三次，使血液与抗凝剂充分混合。

用毛细吸管从试管内吸取抗凝的全血，然后将吸管插入分血管的底部，慢慢地将吸管内的血液放入分血管内。放血时应逐渐抽出毛细吸管，精确地装血到刻度 10cm 处。所用吸管、分血管都应清洁干燥。

3. 离心旋转　用天平称重和离心套筒内加水的方法，使离心机旋转轴两侧相应的两个套筒及其内容物的总重量相等，以免离心时损坏离心管、分血管和离心机。开动离心机应由慢而快，使旋转速度逐渐达到 3000r/min，离心 30min，停机时转速应由快而慢。取出分血管观察血细胞比容，记录其数值。然后，重新将此分血管放入离心机，再以 3000r/min 的转速离心 5min，检查血细胞比容，如果记录与前次相同，表明血细胞已被压实，此即红细胞比容值。

4. 取出分血管，仔细观察　可见下段为深红色血柱，为红细胞沉淀而成；上段为无色或浅黄色液体，这是血浆；在两段之间有一灰白色的薄层，为白细胞和血小板沉积所形成，应除去不作计算。自下而上的均值高度，即为血细胞比容数。如为 42mm，即表示 100ml 血液中红细胞占 42ml。

实验八 红细胞渗透脆性的测定

【目的和原理】

本实验的目的是通过观察红细胞对不同浓度的低渗盐溶液的抵抗力，加深理解红细胞的渗透脆性和血浆渗透压相对稳定的生理意义，学习测定红细胞渗透脆性的方法。红细胞对低渗盐溶液具有一定的抵抗力，这种抵抗力的大小，可以表示红细胞膜的脆性大小。抵抗力大，表示脆性小；反之，抵抗力小，则脆性大。因此将血液滴入不同浓度的低渗盐溶液中，可以观察到开始发生溶血（最小抵抗力，正常为0.4%～0.45%NaCl溶液）和完全溶血（最大抵抗力，正常为0.3%～0.35%NaCl溶液）的界限。

【实验对象】

人或动物。

【实验器材和药品】

抗凝血或去纤维蛋白血、1%NaCl溶液、蒸馏水、试管架、小试管10支、滴管、吸管。

【实验步骤和观察项目】

1. NaCl低渗液制备 制备0.25%～0.70%的NaCl系列低渗溶液各2ml，取小试管10支，依次标号排列于试管架上。然后按照表6-1配成不同浓度的溶液，从0.70%直至0.25%共10种浓度，每管均为2ml。

表6-1 NaCl低渗液的不同浓度配比

试管号 试液	1	2	3	4	5	6	7	8	9	10
1%NaCl（ml）	1.4	1.3	1.2	1.1	1	0.9	0.8	0.7	0.6	0.5
蒸馏水（ml）	0.6	0.7	0.8	0.9	1	1.1	1.2	1.3	1.4	1.5
NaCl浓度（%）	0.7	0.65	0.6	0.55	0.5	0.45	0.4	0.35	0.3	0.25

2. 采血 如用人血，需用消毒而又干燥的注射器和针头由肘正中静脉抽血；如狗血，可不必消毒注射器和针头，由小腿皮下静脉采血；如用兔血，可由心室腔采血。

取血后拔出针头，立即将血液沿管壁缓缓放入已盛有抗凝剂的容量瓶内，随后颠倒容量瓶3～4次，使血液与抗凝剂充分混匀，但需避免剧烈振荡，以免红细胞破坏。抗凝剂制法参照实验七。

3. 取血 用滴管取血，在各管中各加一滴，将各试管中的NaCl溶液与血液充分混合，在室温下静置30～60min。

4. 观察结果 根据混合液的颜色和浑浊度的不同出现下列三种现象：

（1）小试管内液体完全变成透明红色，管底无细胞，说明红细胞完全溶解，称为完全溶血。引起红细胞最先完全溶解的NaCl溶液的浓度即为红细胞的最大抵抗力（表示红细胞的最小脆性）。

（2）小试管内液体下层为浑浊红色，而上层为透明红色，说明只有部分红细胞被破坏和溶解，称不完全溶血，开始出现部分溶血的 NaCl 溶液浓度，即为红细胞的最小抵抗力（表示红细胞的最大脆性）。

（3）小试管内液体下层为浑浊红色，上层为无色透明红色，说明没有溶血。

5. 记录　记录所测定的红细胞脆性范围（即开始溶血时的 NaCl 溶液浓度与完全溶血时的 NaCl 溶液浓度）。正常情况下，开始溶血的 NaCl 溶液浓度为 0.4%～0.45%，全部溶解为 0.3%～0.35%，扼要说明红细胞渗透脆性实验的意义。

实验九　红细胞沉降率的测定

【目的和原理】

本实验的目的是学习测定红细胞沉降率的方法。将加有抗凝剂的血液置于一垂直管中，红细胞由于重力的作用，将逐渐向下沉降。通常以在第一小时末红细胞下降的距离，作为沉降率的指标。在临床上某些疾病显著地引起患者红细胞沉降率加速，因此沉降率实验具有临床诊断意义。目前国内测定红细胞沉降率较常用的方法已有多种，本实验只介绍魏氏（Westergren）法。

【实验对象】

人或家兔。

【实验器材和药品】

魏氏沉降管、固定架、5ml 注射器、8 号注射针头、3.8%枸橼酸钠溶液。

【实验步骤和观察项目】

1. 准备一容量为 5ml 的小瓶盛 3.8%枸橼酸钠溶液 0.4ml，然后用消毒的注射器和针头从肘正中静脉抽出血液 2ml（如实验室条件不具备抽人血，可用家兔从其颈总动脉插管取血 2ml），准确地将 1.6ml 血液注入小瓶内，随后颠倒小瓶 3～4 次，使血液与抗凝剂充分混匀，但需避免剧烈振荡，以免红细胞破坏。

2. 取干燥的魏氏沉降管一只，从小瓶内吸血至刻度“0”点为止，拭去下端管口外面的血液，垂直地竖立在固定架的橡皮垫上，管的上端由一弹簧铁片固定起来。勿使血液从管下端漏出。注意沉降管不能稍有歪斜，管内不应该有凝血块和气泡。如有这些现象时应重做。

3. 把沉降管固定在固定架以后，立即开始计算时间，待 1h 末，读取红细胞下沉毫米数，即为红细胞沉降率（mm/h）。

【注意事项】

1. 本实验血液与抗凝剂的容积规定为 4∶1，抗凝剂应新鲜配制。

2. 自采血时起，本试验应在 2h 内完毕，否则会影响结果的准确性。

3. 小瓶、沉降管、注射器均应清洁干燥。

4. 若红细胞上端成斜坡形或尖峰形时，应选择斜坡部分的中间部位计算。

5. 沉降率与温度有关，在一定范围内温度愈高，红细胞沉降愈快，故应该在室温 22℃左右进行。

6. 魏氏法测定的正常值，男子红细胞沉降率为 0～15mm/lh 末（室温 22℃），女子为 0～22mm/lh 末（室温 22℃）。

实验十 出血时间与凝血时间的测定

A 出血时间的测定

【目的和原理】

出血时间是指从针刺使皮肤毛细血管破损后，血液自行流出到自行停止的一段时间。当毛细血管和小血管受损时，受伤的血管可立即收缩，局部血流减慢，促使血小板粘着于血管的损伤处，同时血小板释放出血管活性物质，使毛细血管发生较广泛和较持久的收缩，使出血停止。故测定出血时间可了解毛细血管功能及血小板功能是否正常。

正常人的出血时间为1～4min。出血时间延长常见于血小板数量减少，偶见于毛细血管有缺陷的情况。

【实验对象】

人。

【实验器材和药品】

弹簧采血针（三棱针、7号注射针头均可）、吸水纸、秒表或手表、75％乙醇、棉球。

【实验步骤和观察项目】

1. 以75％乙醇棉球消毒耳垂或指端（一般选用环指）后，用消毒弹簧采血针刺入2～3mm深，让血自然流出，勿施加压力。自血液流出时起计算时间。

2. 每隔30s用吸水纸吸干流出的血液一次。注意吸水纸勿接触伤口，以免影响结果的准确性。

3. 记录开始出血至止血的时间，或计算吸水纸上的血点数并除以2，即为出血时间。

B 凝血时间的测定

【目的和原理】

凝血时间是指血液流出体外至发生凝固所需的时间。凝血时间只反映血液本身的凝固过程是否正常，而与血小板的数量及毛细血管的脆性关系较小。采用玻片法时正常人的凝血时间为2～8min。凝血因子缺乏时可使凝血时间延长。在严重的血小板减少时，也可使凝血时间延长。

【实验对象】

人。

【实验器材和药品】

弹簧采血针（三棱针、7号注射针头亦可）、玻片、秒表或手表、75％乙醇、棉球。

【实验步骤和观察项目】

以75％乙醇棉球消毒耳垂或指端（一般选用环指）后，用消毒弹簧采血针刺入2～3mm深，让血自然流出。用干棉球轻轻拭去第一滴血，待血液重新流出，开始计时。将第二滴血置于玻片上，每隔30s用针尖挑血一次，直到挑起细纤维状的血丝，表示开始凝血。开始流血至挑起细纤维血丝的时间即为凝血时间。

【注意事项】

挑血时应沿一定方向，勿多方向挑动以致破坏血凝固的纤维蛋白网状结构，易造成不凝的假象。

实验十一 血型的鉴定与交叉配血

【目的和原理】

学习 ABO 血型鉴定的方法，观察红细胞凝集现象。学习末梢采血技术。

利用 A 型标准血清（含抗 B 凝集素）和 B 型标准血清（含抗 A 凝集素）分别与被测者的红细胞混合，根据是否发生红细胞凝集反应，即可判定红细胞所含的凝集原，从而鉴定其血型。交叉配血是将受血者的红细胞与血清分别同供血者的血清与红细胞混合，观察有无凝集现象。

在血型确定后，尚需将同型血进行交叉配血，如无凝集现象，方可进行输血。

【实验对象】

正常人。

【实验器材和药品】

采血针、消毒注射器、载玻片（或凹孔玻片）、小试管、牙签（或火柴棒）、标准 A、B 血清、生理盐水、显微镜、离心机、75％乙醇、碘酊、棉球、消毒棉签、蜡笔。

【实验步骤和观察项目】

A ABO 血型鉴定

1. 玻片法

（1）取玻片一块，用干净纱布轻拭，使之洁净，再用蜡笔在中间划一竖线，两端分别划圆圈并标明 A、B。

（2）在 A 侧中央圈内滴 A 标准血清一滴，在 B 侧中央圈内滴 B 标准血清一滴。

（3）轻揉耳垂或中指指尖，使之轻度潮红充血，用乙醇棉球（挤干）消毒皮肤，针刺采血 1～2 滴，置于盛有 lml 生理盐水的小试管中混匀，制成红细胞悬液（浓度约 5％）。再用消毒棉球擦去指端余血并压迫止血。

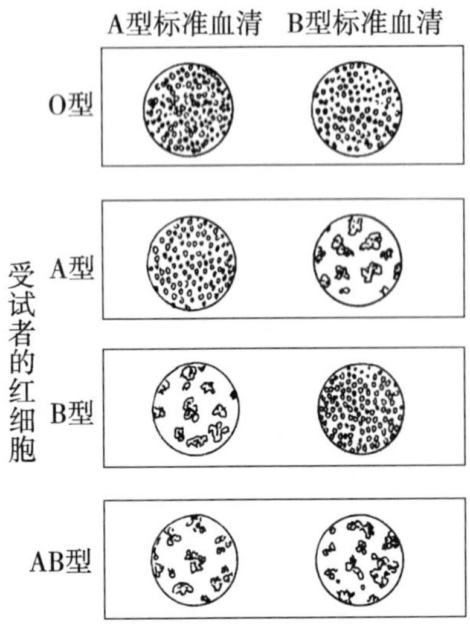

图 6－1 ABO 血型检查结果判断

（4）用滴管吸取红细胞悬液，分别各滴一滴于玻片两端的血清上，注意勿使滴管尖端与血清相接触。

（5）用牙签一端混合 A 型血清与红细胞悬液，另一端混合 B 型血清与红细胞悬液。置室温下 10～30mim 后，观察有无凝集现象从而判定血型。

（6）观察结果：先用牙签搅匀，用肉眼观察（为了看得清楚，可在玻片下垫上一白纸），如有凝集反应，可见到有鲜红色点状或小片状凝集块浮起，搅拌后不能使之消失。再在低倍镜下观察，如有凝集反应，可见红细胞聚集成团（图6－1）。如果两侧均未见凝集现象，则应搅拌后再静止 15min，观察结果（注意：每次搅拌时牙签的 A、B 两端均不可混淆）。

（7）判断血型：根据被测试者红细胞是否被 A 型

标准血清（含抗 B 凝集素）和 B 型标准血清（含抗 A 凝集素）所凝集，判定其血型（图 6-1）。

2. 试管法　取小试管两支，分别标明 A、B 字样。分别加入相应标准血清 2 滴，各管加入受试者的红细胞悬液 1～2 滴混匀，以 1000r/min 的速度离心 1～2min 后，取出试管，用手指轻弹管底，使沉淀物被弹起，在光源下观察结果。若沉淀物呈团浮起，表示发生凝集现象；若沉淀物边缘呈烟雾状逐渐上升，最后使试管内液恢复红细胞悬液状态，表示无凝集现象。

3. 注意事项

（1）试管法较玻片法结果准确。

（2）凝集出现时间长短与红细胞膜上凝集原多少和基因组合状况有关（如同是 A 型血，AA 型可能快于 AO 型）。最后判定是否凝集，应在 15～20min 后，肉眼难以辨别凝集现象时应在显微镜下观察，并注意区别红细胞叠连现象与凝集现象。

（3）标准血清必须有足够凝集效价，血清及红细胞悬液须保持新鲜，因污染后可产生假凝集现象。冬季实验须保持一定室温，室温过低可产生冷凝集现象而被误认为是红细胞凝集。

B　交叉配血

1. 玻片法

（1）以碘酊、75%乙醇棉球消毒皮肤后，用消毒干燥注射器抽取受血者静脉血 2ml，将其中 1～2 滴加入装有 2ml 生理盐水的小试管中制成红细胞悬液；其余血液装入另一小试管中，待其凝固后，离心析出血清备用（亦可将其余血液装入一盛有 0.4ml、3.8%枸橼酸钠溶液的小试管中混匀，离心沉淀，析出血浆备用）。

（2）以同样方法制成供血者红细胞悬液与血清（或血浆）。

（3）于玻片（最好用双凹玻片）两端分别加入受血者的血清（或血浆）和红细胞悬液，然后将供血者的红细胞悬液滴于受血者的血清（或血浆）内，将供血者的血清（或血浆）滴于受血者红细胞悬液内，分别用牙签混匀。15min 后观察结果，如两端均无凝集现象，即可输血。

2. 试管法

取二试管，分别注明“主”（供血者）、“次”（受血者）字样。管内所加内容物同玻片法（滴量可按比例适当增加），混匀后离心 lmin（1000r/min）取出观察结果。此法较玻片法迅速。

交叉配血试验可用图 6-2 表示，粗箭头为主侧，细箭头为次侧。一般情况主侧与次侧配血试验均无凝集现象才可输血。如主侧不凝，次侧出现凝集，且凝块比较细小，患者又急需输血，血源不足的情况下，可以少量缓慢地输血，但输血量不得超过 400ml。

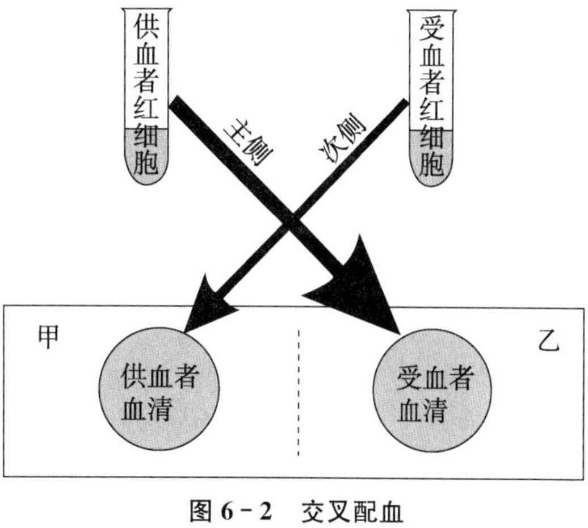

图 6-2　交叉配血

实验十二 血液凝固及其影响因素

【目的和原理】

血液流出血管后，很快就会发生自行凝固。血液凝固可以分为内源性凝血系统和外源性凝血系统两条途径。内源性凝血系统是指参与凝血过程的因子全部存在于血浆中，而外源性凝血系统是指有组织因子参与的凝血过程。本实验采用颈总动脉放血取血，由于血液几乎没有和组织因子接触，其凝血过程主要是由内源性凝血系统所发动。肺组织含有丰富的组织因子，本实验利用兔肺组织浸液观察外源性凝血系统的作用。血液凝固受许多因素的影响，如血浆 Ca^{2+} 水平、温度、接触面的光滑程度等。本实验的目的在于了解血液凝固的基本过程及加速或延缓血液凝固的一些因素，并学会兔颈部手术的基本操作。

【实验对象】

家兔。

【实验器材和药品】

哺乳动物手术器械、兔手术台、动脉插管、动脉夹、气管插管、注射器、小试管 8 支、小烧杯 2 个、竹签、恒温水浴槽、冰块、棉花、石蜡油、肝素、草酸钾、肺组织浸液、20％氨基甲酸乙酯溶液。

【实验步骤和观察项目】

1. 麻醉与固定　用 20％氨基甲酸乙酯溶液，按每千克体重 1g 剂量（5ml/kg）经兔耳缘静脉注入，待动物麻醉后，仰卧位固定在兔台上。

2. 手术　剪去颈前部兔毛，于颈部正中切开皮肤约 7cm。用止血钳分离皮下组织，暴露胸骨舌骨肌。沿正中线分开肌肉可暴露出气管，并继续沿气管两侧分离结缔组织使气管游离。然后用拇指和示指捏住气管上的肌肉和皮肤外翻，用另外三个手指在皮外将外翻的组织抬起。此时，可在气管外侧见到神经血管丛。丛内包含颈总动脉、迷走神经、交感神经、减压神经。在外翻而抬起的组织上可以仔细区别三根神经的粗细：迷走神经最粗、交感神经次之、减压神经最细。

3. 气管插管　在游离气管下穿过一粗缚线。在喉头下 2～3cm 处两软骨环间横向切开气管前壁，再用剪刀向头端剪一纵向短切口，使切口呈倒“T”型，提起缚线，将气管插管插入气管腔内，用缚线固定，并将缚线绕插管分叉处打结，以免滑脱。

4. 颈动脉插管　尽可能长地分离一侧颈总动脉，在其下方穿两根丝线，其中一根在远心端结扎动脉，用动脉夹夹住动脉的近心端，在结扎线与动脉夹之间的动脉长度越长越好，一般至少有 3cm。将另一条丝线置于此段动脉下方以备插管插入后结扎用。用锐利的眼科剪刀在尽可能靠远心端结扎处做一斜形切口，约切开管径的一半，然后将动脉插管向心脏方向插入血管，用已穿好的丝线结扎牢固，并用此丝线在插管的突起上缚紧固定，以防插管从动脉切口滑出。

5. 观察项目

（1）观察加速或延缓血液凝固的因素，比较内源性凝血和外源性凝血

将 8 支试管准备好，打开动脉夹，每管加入血液 2ml，即刻开始计时（6、7、8 号试管加入血液后轻轻摇匀，使血液与试剂充分混合），每隔 15s，将试管倾斜一次，至血液不再流动为止。依次将结果填入下表。

编号	实验条件		凝血时间/s	解释
1	对照管			
2	粗糙面	放棉花少许		
3		石蜡油润滑内表面		
4	温度	置于 37℃水浴槽中		
5		置于冰水浴槽中		
6	加肝素 8 单位			
7	加草酸钾 1～2mg			
8	加肺浸液 1ml			

(2) 纤维蛋白原与血液凝固

取小烧杯 2 个，各放入血液 10ml，其中一杯用竹签不断搅动，另一杯静止，比较两杯的凝固情况，用水洗净竹签上的血，观察纤维蛋白。

【注意事项】

1. 每支试管口径大小及采血量要尽量一致。

2. 判定血凝的标准要力求一致。

注：肺组织浸液的制备取新鲜兔肺，剪成小块，洗净血液，磨成糊状。加同体积生理盐水，摇匀。静置 6h 后离心，取上清液贮存于冰箱内待用。

（陈　文）

第七章　循环实验

实验十三　蛙心起搏点观察

【目的和原理】

哺乳动物心脏的特殊传导系统除结区外，均具有自动节律性，但各部分的自律性高低不同，以窦房结的自律性最高，正常的心脏搏动每次都有窦房结发生，依次传到心房、心室引起收缩，故窦房结被称为哺乳动物的心起搏点。两栖类动物的心起搏点是静脉窦。

本实验的目的是用局部加温和结扎的方法观察蛙心起搏点及蛙心脏不同部位自律性的高低。

【实验对象】

蟾蜍或蛙。

【实验器材和药品】

蛙类手术器械、蛙心夹、滴管、线、小试管、林格液。

【实验步骤和观察项目】

1. 取蟾蜍一只，用探针破坏蟾蜍的脑和脊髓后，将其仰卧位固定在蛙板上，用剪刀剪开胸骨表面皮肤并沿正中线剪开胸骨，可见心脏包在心包中，仔细剪开心包，充分暴露出心脏。

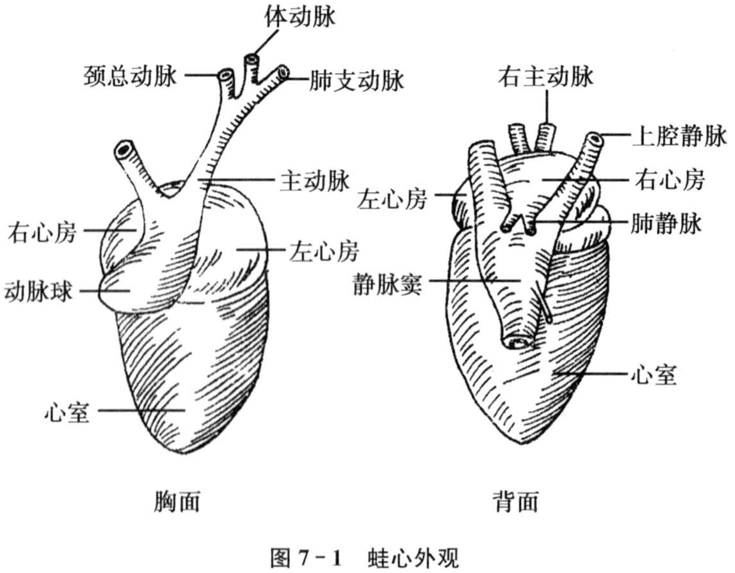

图 7－1　蛙心外观

2. 参照图 7－1，观察心脏的解剖，在胸面可以看到一个心室，其上方有两个心房。心室右上角连着一个动脉干，动脉干根部膨大部分称动脉球。动脉向上分左、右两支。用玻璃分针从动脉干背面穿过，借以将心脏翻向头侧。于心脏背面两房下端可看到颜色较紫蓝的膨大部分为静脉窦。静脉窦与下腔静脉相连。静脉窦与心房的交界处称窦房沟，而心房与心室的交界处称房室沟。

3. 认准心脏各部分位置后，注意观察静脉窦、心房和心室的搏动程度并计数它们在单位时间内的搏动次数。

4. 盛有 35～40℃热水的小试管（或稍烧热的探针）分别靠近心室、心房、静脉窦，观察和记录心脏搏动次数有何变化。

5. 用镊子在主动脉干下穿一线备用。用玻璃分针穿过主动脉干下面，将心尖翻向头端，暴露心脏背面，在静脉窦和心房交界的半月形白线（窦房沟）处用线结扎阻断静脉窦和心房之间的传导，观察心房、静脉窦的跳动频率有何变化。

6. 待心房、心室的搏动恢复后，分别计数静脉窦和心房、心室的搏动频率，并比较其频率差别。然后再取一线在房室沟处做一结扎（斯氏第二结扎），阻断房室之间的传导，观察心房和心室的搏动情况。分别计数每分钟搏动次数。将实验结果填入表 7－1。

表 7－1 不同情况下心脏各部位的跳动

条件	静脉窦（次/分）	心房（次/分）	心室（次/分）
正常			
第一结扎			
第二结扎			

以上实验观察结果，说明什么问题?

【注意事项】

加热时距离要适宜，以免影响邻近部位，待频率恢复正常后再行结扎，线要扎紧。

实验十四 期前收缩和代偿间歇

【目的和原理】

心肌每发生一次兴奋后，其兴奋性会发生一系列周期性变化，与其他可兴奋组织相比，其特点是有效不应期特别长，约相当于整个收缩期，甚至可延续到舒张早期。在此期中，任何强大的刺激均不能使之产生动作电位。此后为相对不应期，仅对强刺激产生兴奋（动作电位）。最后为超常期。后两期均发生在舒张期内。因此，在舒张期内（有时不包括舒张早期），给予心室一次阈上刺激，便可在正常节律到达心室之前，引起一次扩布性兴奋和收缩，称为期前收缩或早搏。期前收缩也有一个有效不应期。因此，当窦房结（两栖类为静脉窦）的正常节律传到心室时，正好落在这个有效不应期内，不能引起心室肌的兴奋和收缩，心室停留于舒张状态，直至下一次正常节律性兴奋到达时才发生兴奋。这个在期前收缩后出现的持续时间较长的舒张间歇期，称为代偿间歇。

本实验的目的是学习蛙或蟾蜍心在体搏动曲线的记录方法，并通过期前收缩与代偿间歇的观察，验证心肌有效不应期长的特征及了解心肌兴奋性的变化特点。

【实验器材和药品】

BL－420F 系统、张力换能器、蛙类手术器械、蛙板、刺激电极、铁支架、双凹夹、蛙心夹、丝线、滴管、林格液。

【实验步骤和观察项目】

1. 标本制备及仪器连接

(1) 用探针破坏蟾蜍的脑和脊髓，仰卧位固定于蛙板，打开胸腔，暴露心脏。

(2) 在心舒期用连线的蛙心夹夹住心尖约 1 毫米，丝线另一端接张力换能器，张力换能器输入端接 BL-420F 系统 1 通道插座。

(3) 将刺激电极固定，使其两极与心室相接触但不妨碍心肌收缩。

2. 软件操作及观察项目　启动 BL-420F 系统

(1) 依次选定“实验项目”“循环实验”“期前收缩-代偿间歇”。

(2) 当选择该实验模块后，1 通道波形显示区的右上角将出现一个红色向下指的三角形箭头，它指示在波形的下降沿启动刺激器，如果用鼠标左键单击该指示器，则它会变为一个向上指的三角形箭头，指示在波形的上升沿启动刺激器，箭头方向因单击该指示器而上下转换。红色三角形的旁边有一个红色的小方块，它用于启动刺激，当设置好触发边沿及触发阈值后，用鼠标左键单击该红色方块，此时该红色小方块将变成蓝色，指示程序开始自动寻找满足条件的数据点，一旦找到，即启动刺激器，并将该小方块重新变为红色。波形显示区的右边出现一个黄色的指向左边的三角形箭头，它用于指示启动刺激的阈值，调节它的方式同调节基线位置一样，只需用鼠标左键按住黄色的三角形指示箭头上下移动即可。

(3) 根据需要调整增益和扫描速度。待波形适宜后进行记录。

(4) 观察正常心搏曲线，分别在心室收缩期和舒张期的早、中、晚期给予刺激，观察心搏曲线变化。

(5) 实验完毕，单击“暂停”按钮，如果当前通道有比较有意义的波形，可点击工具栏上的“打印当前通道图形”，或者在显示器右下方的“图形剪辑”处单击鼠标左键进行图形剪辑并打印。

【注意事项】

1. 在将电刺激施加于心脏之前，先刺激蛙腹部肌肉以检查电刺激是否有效。

2. 经常滴加林格液，保持心脏湿润。

实验十五　前、后负荷对心输出量的影响

【目的和原理】

心输出量指一侧心室的每分输出量。它受心率、前负荷、心肌收缩能力的影响。在一定范围内前负荷和心率增加，心输出量增加；而当前负荷不变时，后负荷增加，则心输出量降低。本实验的目的是通过在体蛙心灌流，观察前、后负荷改变时对心输出量的影响。

【实验对象】

蟾蜍或蛙。

【实验器材和药品】

蛙类手术器械、蛙板、恒压贮液瓶、细塑料管、玻璃梯度管、林格液。

【实验步骤和观察项目】

1. 实验步骤

(1) 破坏蟾蜍的脑和脊髓，仰卧位固定于蛙板上，打开胸腔，细心剪开心包，显露

心脏。

（2）用玻璃分针穿过主动脉下方，把心脏翻向头端，识别静脉窦、心房、心室，上、下腔静脉和肺静脉。

（3）在下腔静脉下方穿过两根线，将其中一根穿过主动脉下方，结扎上腔静脉和肺静脉，结扎时注意勿损伤静脉窦。

（4）分离并结扎右侧主动脉。在左侧主动脉下穿两根线，在主动脉远端用线结扎，在结扎线靠心脏端剪一小口，让血液尽量流出，将穿线打一松结。

（5）在下腔静脉做一小切口，随即把与恒压贮液瓶相连接的细塑料管插入静脉，并结扎固定。结扎好后，将橡皮管上的夹子暂时打开，液体即可通过心脏从主动脉剪口流出。当心脏中血液流干净后，夹子关小，仅让少量液体流出（注意：恒压贮液瓶中要先装满林格液，并排尽整个管道中的气体）。

（6）将连着玻璃梯度管的细塑料管插入主动脉剪口，并结扎固定，此时可见液体从玻璃梯度管的侧管流出。

（7）恒压贮液瓶中心管口为零点。零点的高度（指零点与心脏水平的垂直距离）决定心脏的灌流压，所以它的高低可代表前负荷的大小。当灌流液从玻璃梯度管不同高度的侧管流出时，心脏收缩所需克服的静水压决定于侧管高度。它的高度可代表心脏的后负荷的大小。实验时应使第一侧管和心脏处于同一水平（图7－2）。

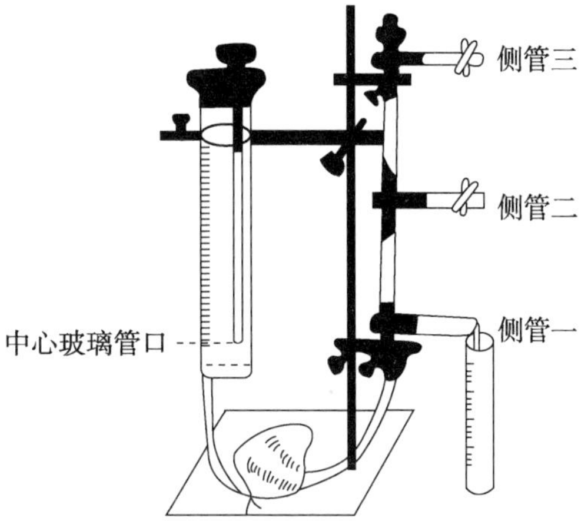

图7－2　在体心输出量测定装置

2. 观察项目

（1）后负荷的影响：调节恒压贮液瓶高度，使零点高于心脏5cm。依次从下到上塞住侧管1～3，使液体从不同高度的侧管流出，分别测定从每个侧管流出的每分输出量。

（2）前负荷的影响：选择并固定梯度管某一侧管的高度作为后负荷。将贮液瓶零点高于心脏5cm，从梯度管收集1分钟流出的液体量，然后逐次提高贮液瓶零点水平（每次3cm），测定不同零点的心输出量，直到心输出量减少为止。

（3）结果处理：以心输出量为纵坐标，侧管高度为横坐标，描绘出心输出量-后负荷曲线。以心输出量为纵坐标，恒压贮液瓶零点与心脏之间的垂直距离为横坐标，描绘出心输出量-前负荷曲线。分析前、后负荷对心输出量的影响。

【注意事项】

1. 恒压贮液装置的瓶塞应塞进、密封。在实验中，不能随意打开盖子灌入林格液，以免改变前负荷。

2. 手术时勿伤静脉窦。

3. 整个管道系统不能扭曲，输液管道不得留有气泡。

4. 零点不能太高，以免灌流压太高而损伤心脏；同时过高的灌流压会造成灌流液顺静水压差而自然流动，不能反映真实的心搏出量。

5. 心脏表面经常滴加林格液，以保持湿润。

实验十六 蛙心灌流

【目的和原理】

心脏的正常节律性活动，需要有一个合适的理化环境。本实验用离体蛙心灌流的方法来观察钠、钾、钙、酸碱度和肾上腺素、乙酰胆碱等因素对心脏活动的影响。

【实验对象】

蟾蜍或蛙。

【实验器材和药品】

BL－420F 系统、张力换能器、蛙类手术器械、蛙板、铁支架、双凹夹、蛙心插管、蛙心夹、丝线、烧杯、滴管、林格液、0.65％NaCl 溶液、3％$CaCl_2$ 溶液、1％KCl 溶液、3％乳酸溶液、2.5％$NaHCO_3$ 溶液、1∶10000 肾上腺素溶液、1∶10000 乙酰胆碱溶液。

【实验步骤】

1. 标本制备及仪器连接

（1）取蟾蜍一只，破坏脑和脊髓，暴露心脏。

（2）在主动脉干下面穿一条线，打一松结（注意：暂勿扎紧）。

（3）用小剪刀在松结上方左主动脉的根部剪一小斜口（只剪破前壁，不能剪断），将盛有少量林格液的蛙心插管由此插入动脉球。然后将插管稍向后退，再转向心室中央的方向，插入心室腔内。插管是否插入心室，可看插管中的林格液液面是否随心搏而上下移动。如已进入心室，则将松结的线扎紧，固定于插管的小突起上。

（4）将心脏摘出，小心勿损伤静脉窦，吸去蛙心和插管内的血液并用林格液灌洗数次以防血液凝固堵塞插管。

（5）以连线的蛙心夹在心舒期夹住蛙心，将蛙心插管和张力换能器分别固定在铁支架的上、下方，蛙心夹的连线接张力换能器的受力片，使丝线松紧适宜，张力换能器的输入端接 BL－420F 系统的 1 通道插座。

2. 软件操作

启动 BL－420F 系统

（1）依次选定“实验项目”“循环实验”“蛙心灌流”。

（2）在标记框内编辑好所需标记项目，在相应项目曲线上点击，即可打上相应标记。

【观察项目】

1. 描记正常心搏曲线，观察心跳频率、强度及心室的收缩和舒张程度。

2. Na^+ 的影响：将蛙心插管内的林格液全部换成 0.65％NaCl 溶液。同时标注“0.65％氯化钠”。

3. Ca^{2+} 的影响：将 0.65％NaCl 溶液吸出，换以林格液，加入 3％$CaCl_2$ 溶液 1～2 滴，同时标注“氯化钙”。

4. K^+ 的影响：将含 $CaCl_2$ 的溶液吸出，换以林格液，加入 1％KCl 溶液 1～2 滴，同时标注“氯化钾”。

5. 肾上腺素的影响：将含 KCl 的溶液吸出，换以林格液，加入 1∶10000 肾上腺素溶液 1～2滴，同时标注“肾上腺素”。

6. 乙酰胆碱的影响：将含肾上腺素的溶液吸出，换以林格液，加入 1∶10000 乙酰胆碱溶液 1～2 滴，同时标注“乙酰胆碱”。

7. 酸碱的影响：将含乙酰胆碱的溶液吸出，换以林格液，加入 3%乳酸溶液 1～2 滴，同时标注“乳酸”。待心跳变化明显时，立即加入 2.5%$NaHCO_3$ 溶液 1～2 滴，同时标注“碳酸氢钠”，观察心搏逐渐恢复。

8. 实验完毕，单击“停止”按钮，文件存盘。再打开文件进行剪辑和打印。

【注意事项】

1. 当每种药物作用明显时，应立即将蛙心插管内液体吸出而换以林格液，以免心肌受损，且须待心跳恢复正常后才能进行下一项实验，此时可用林格液灌流数次，使心肌迅速恢复。

2. 吸林格液的吸管和吸蛙心插管内溶液的吸管要分开，不可混，以免影响实验结果。

3. 蛙心插管内液面应保持恒定高度，以 1.5cm 高为宜。

4. 药物作用不明显时，可再加滴。

实验十七　动物心电图的描记

【目的和原理】

心脏兴奋的电变化通过心脏周围的组织和体液传导到全身。在体表的一定部位记录到的心脏电变化曲线，称为心电图。本实验的目的是学习动物心电图的描记方法。

【实验对象】

家兔（或蟾蜍）。

【实验器材和药品】

BL-420F 系统、兔手术台（或蛙板）、注射器（或探针）、针形电极或针头、20%氨基甲酸乙酯溶液。

【实验步骤和观察项目】

1. 动物麻醉与固定　用 20%氨基甲酸乙酯溶液按每千克体重 5ml 的剂量从兔耳缘静脉缓慢注入。麻醉后将家兔仰卧位固定于手术台上（或用探针破坏蟾蜍的脑和脊髓，仰卧固定于蛙板）。

2. 引导电极安放　心电导线电极端通过针头连于动物肢体，输入端接相应通道插座：1 通道-右前肢（红）；2 通道-左前肢（黄）；3 通道-左后肢（绿）；4 通道-胸前（白）；黑色线（地线）-右后肢。

3. 软件操作及心电描记

启动 BL-420F 系统

（1）依次选定“实验项目”“循环实验”“全导联心电”。

（2）在弹出的“心电导联选择”对话框中，选择通道与导联的对应关系，按“确定”按钮。

（3）调整增益、扫描速度，使波形适中，开始记录。

（4）在实验过程中需要改变心电导联，则从“数据处理“菜单中选择“数据输入“命令，此时“心电导联选择”对话框将弹出，便可为某通道重新设置心电导联方式。

（5）实验完毕，单击“暂停”按钮，在显示器右下方“图形压缩”处单击左键进行图形压缩，然后在显示器右下方“图形剪辑”上单击左键，可进行当前通道的图形剪辑，把有意义的波形剪辑下来，然后装纸打印；如果不进行压缩，可直接进行图形剪辑。

实验十八 人体心电图描记

【目的和原理】

心肌在发生兴奋时，首先出现电位变化。心脏的兴奋有一定的程度，出现一系列的电位变化，这些电位变化通过心脏周围的组织和体液传导到全身。在体表，按一定的引导方法，把这些电位变化记录下来，所得到的图形称为心电图，心电图在心脏起搏的分析、传导功能的判断以及房室肥大、心肌损伤的诊断上都有很大价值。

本实验的目的是初步学习人体心电图描记方法，辨认正常心电图波形并了解其生理意义和正常范围，学习心电图波形的测量分析方法。

【实验对象】

人。

【实验器材和药品】

心电图机、导电膏、分规、放大镜。

【实验步骤和观察项目】

1. 心电图记录的操作步骤 接好心电图机的电源线、地线和导联线。预热 3～5 分钟。

2. 体位和导联线连接 受试者仰卧，全身肌肉放松，在安置电极的手腕、足踝和胸前皮肤涂少许导电膏，安放好引导电极。

肢体导联线连接方法是：红色——右手，黄色——左手，绿色——左足，黑色——右足（接地），白色——心前导联。

心前导联的电极安放位置是：

V_1 在胸骨右缘第四肋间。

V_2 在胸骨左缘第四肋间。

V_3 在 V_2 与 V_4 连线的中点。

V_4 在左锁骨中线与第五肋间相交处。

V_5 在左腋前线与 V_4 水平交点。

V_6 在左腋中线与 V_4 水平交点

3. 记录 调整心电图机放大倍数，使 1mV 标准电压推动描笔向上移 10mm，然后依次记录 I、II、III、aVR、aVL、AVf、V_1、V_2、V_3、V_4、V_5、V_6 导联的心电图。

4. 心电图分析 取下心电图记录纸，进行心电图分析

波幅和时间的测量

波幅：当 1mV 标准电压使基线上移 10mm 时，纵坐标每一小格（1mm）代表 0.1mV。测量波幅时，凡向上的波形，其波幅应从基线的上缘测量至波锋的顶点；凡向下的波形，其波幅应从基线的下缘测量至波谷底。

时间：心电图的走速由心电图机固定转速的马达所控制，一般分为 25mm/s 和 50mm/s 两种。常用的是 25mm/s，这时心电图纸上横坐标的每一小格（1mm）代表 0.04s。

心电图记录纸上辨认出 P 波、QRS 波群、T 波、P－R 间期和 Q－T 间期，进行下列项目的分析（图 7－3）。

心率的测定：测量相邻的两个心动周期中的 P 波或 R 波的间隔时间，按下列公式进行计算，求出心率。如心动周期之间的时间间距显著不等时，可将五个心动周期的 P－P 间隔

时间或 R－R 间隔时间加以平均得平均值，代入公式：

心率（次/分）=60/P－P 或 R－R 间隔时间（s）

心律的分析：心律的分析包括“主导节律的判定”和“心律是否规则整齐”以及“有无期前收缩或异位节律出现”。

窦性心律的心电图表现是：P 波在 II 导联中直立，在 aVR 导联中倒置；P－R 间期在 0.12s 以上。如果心电图中最大的 P－P 间隔和最小的 P－P 间隔相差在 0.12s 以上，称为窦性心律不齐。成年人正常窦性心律的心率为 60～100 次/分。

心电图各波段的分析：按图所示，测量 II 导联中 P 波、QRS 波群、T 波的时间和电压，并测定 P－R 间期和 Q－T 间期的时间（各波段的正常值见表 7－2）。

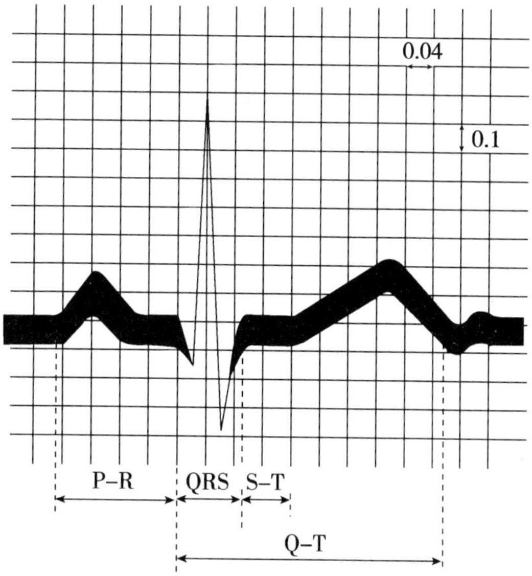

图 7－3 心电图各波段测量

表 7－2 心电图各波段正常值及其特征

名称	时间/s	电压/mV	形态
P 波	I、II、III<0.25 ≤0.11 V_1～V_5<0.15 V_1、V_2 双向时其总电压<0.2	I、II、aVF、V_4～V_6 aVF、aVL<0.25 aVR III、aVL、V_1～V_3	直立 倒置 直立、 平坦、双向或倒置
P－R 间期	0.12～0.20*		
	Q<1/4R（R 波为主的导联） RaVR<0.5 RaVL<1.2 Q<0.04 RaVF<2.0		aVR 呈 Qr rs 或 rsr 型
QRS 波	总时间为 Rv1<1.0；V1r/s<1 0.06～0.10 Rv5<2.5；V5r/s>1 Rv1+Sv5<1.2 Rv5+Sv1<4.0（男） <3.5（女）		V1 呈 rS 型 V5 呈 Rs、qRs、QR 或 R 型
ST 段	I、II、aVL、aVF、V_4～V_6 抬高不超过 0.1， 压低不超过 0.05 V_1～V_3 抬高不超过 0.3		

续表

名称	时间/s	电压/mv	形态
T 波	>1/10R（R 波为主的导联）	I、II、V_4～V_6 III、aVL、aVF、V_1～V_3	直立，aVR 倒置 直立、平坦或倒置
Q－T 间期	<0.04*		
U 波	0.1～0.3	肢体导联<0.05 心前导联<0.03	其方向与 T 波一致

* P－R 间期、Q－T 间期的正常值与心率有关

实验十九　人体心音听诊

【目的和原理】

将听诊器置于受试者心前区域的胸壁上，直接听取心音。结合触诊心尖搏动或颈动脉脉搏，初步掌握心音听诊方法、正常心音的特点及其产生原因，为临床心音听诊奠定基础。

【实验对象】

人。

【实验器材和药品】

听诊器。

【实验步骤和观察项目】

1. 确认听诊部位

（1）受试者解开上衣，面向亮处坐好，检查者坐在对面。

（2）肉眼观察（或用手触诊）受试者心尖波动位置与范围是否正常。

（3）心音听诊的各个部位：

二尖瓣听诊区：左第五肋间锁骨中线稍内侧（心尖部）；

二尖瓣听诊区：胸骨右缘第四肋间或胸骨剑突下；

主动脉瓣听诊区：胸骨右缘第二肋间；胸骨左缘第三肋间为主动脉瓣第二听诊区（又称第五点），主动脉瓣关闭不全时可在该处听到杂音；

肺动脉瓣听诊区：胸骨左缘第二肋间。

2. 听心音

（1）检查者戴好听诊器。以右手的拇指、示指和中指轻持听诊器胸件，置于上述听诊部位顺次进行听诊。在心前区胸壁上的任何部位都可以听到两个心音。

（2）边听心音，边用手指触诊心尖波动或颈动脉脉搏。根据两个心音的性质（音调高低及持续时间长短）、间隔时间、与心尖搏动的关系，仔细区分第一心音与第二心音。结合两心音的产生时刻，思考两心音的产生机制。

（3）比较不同部位两心音的声音强弱（图 7－4）。

【注意事项】

1. 室内保持安静。如果呼吸音影响听诊时，可嘱受试者暂停呼吸。

2. 听诊器的耳件方向应与外耳道一致（向前）。听诊器的胸件按压不要过紧或过松，胶

管勿与它物摩擦，以免发生杂音影响听诊。

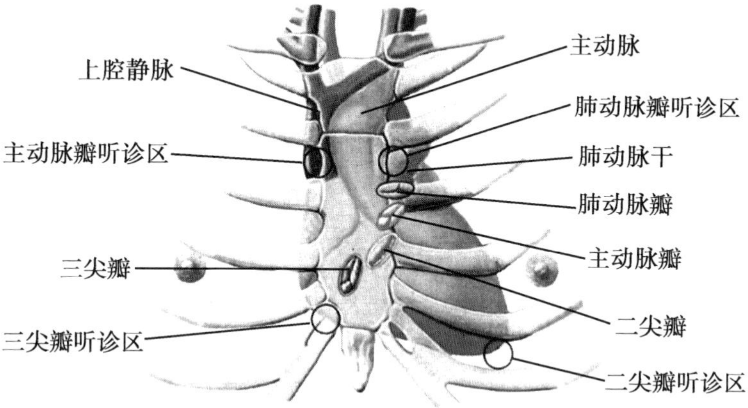

图 7-4　心脏瓣膜及心音听诊部

实验二十　人体动脉血压的测定

【目的和原理】

学习间接测定动脉血压的原理；并测定人体肱动脉的收缩压与舒张压。

血液在血管内流动，对单位面积血管壁施加的侧压力称为血压。测量部位通常为上臂肱动脉。测量收缩压与舒张压时一般采用 Korotkoff 听诊法，即根据从外表压住动脉所必需的压力来测定该动脉的血压。通常血液在血管内流动时并没有声音，如果血液经过狭窄处形成涡流，即可发出声音。当用橡皮气球将空气打入缠缚于上臂的袖带内使其压力超过收缩压时，即完全阻断了肱动脉内的血流，此时以听诊器胸件按于被压的肱动脉远端听不到任何声音，也触不到桡动脉的脉搏。如徐徐放气减低袖带内压力，当其压力低于肱动脉的收缩压而高于舒张压时，血流将断续地流过受压的血管，形成涡流而发出声音，此时即在被压的肱动脉远端听到声音亦可触到桡动脉脉搏。如果继续放气，当外加压力等于舒张压时，则血管内血流便由断续变成连续，声音突然由强变弱或消失。因此，动脉内血流刚能发出声音时的最大外加压力相当于收缩压，而动脉内血流声音突变时的外加压力则相当于舒张压。

【实验对象】

人。

【实验器材】

听诊器、血压计。

【实验步骤和观察项目】

1. 实验步骤

（1）熟悉血压计的构造：血压计由检压计、袖带和气球三部分组成。检压计是一个标有 0～300mm 刻度的玻璃管，上端通大气，下端和水银储槽相通。袖带是一个外包布套的长方形橡皮囊，借橡皮管分别和检压计的水银槽及橡皮球相通。气球是一个带有气阀的球状橡皮囊，供充气和放气之用。

（2）测量动脉血压的方法

1）让受试者脱去一臂衣袖，静坐桌旁 5min 以上。

2）松开血压计的橡皮球气阀的螺丝帽，驱出袖带内的残留气体后将螺丝帽旋紧。

3）让受试者前臂平放于桌上，手掌向上，使前臂与心脏位置等高，将袖带缠在该上臂，袖带下缘至少于肘关节上 2cm，松紧以能放进二至三指尖为宜。

4）将听诊器两耳件塞入外耳道，务必使耳件的弯曲方向与外耳道一致。

5）在肘窝内侧先用手指触及肱动脉脉搏所在，将听诊器胸件放于上面。

2. 观察项目

（1）用橡皮球将空气打入橡皮袖带内，使血压表上水银柱逐渐上升到听诊器内听不到脉搏声音时，继续打气使水银柱再上升 2.6kPa（一般达 24kPa），随即松开气球螺丝帽，徐徐放气，减少袖带内压力，在水银柱缓缓下降的同时仔细听诊，在一开始听到“嘣嘣”样的脉搏音时，此时血压表上所示水银柱刻度代表收缩压。

（2）继续缓慢放气，这时声音有一系列的变化，先由弱而强，而后由强突然变弱，最后则完全消失。在声音由强突然变弱这一瞬间，血压表上所示水银柱刻度即代表舒张压；亦可以声音突然消失的血压计所示水银柱刻度来代表之（二者相差 0.7～1.3kPa）。可同时记下这两个读数。

（3）如果认为所测数值正确，则以一次测定为准；如果认为所测数值不正确，则可间隔数分钟重复测定一次或两次。血压记录常以收缩压/舒张压 kPa 表示之。例如 16/（10～9.3）kPa，16kPa 代表收缩压，10kPa 代表声音突然由强变弱时的舒张压值；9.3kPa 代表声音消失时的舒张压值。

（4）触诊法：按触桡动脉脉搏来测定肱动脉的收缩压，操作与听诊法基本相同，所不同者系以手指先按触桡动脉脉搏，再用橡皮球打气使袖带充气，压迫肱动脉，直到桡动脉脉搏消失为止，再缓慢放气到开始出现脉搏时血压表上所示的刻度代表收缩压。按触桡动脉脉搏测得的收缩压比听诊法稍低，且此法仅能测出收缩压，不能测出舒张压。

3. 实验结果要求

（1）列表说明你所在组男女同学测得血压值各是多少？评价是否正常？

（2）讨论触诊及听诊所测得动脉收缩压产生差异的原因。

【注意事项】

1. 室内必须保持安静，以利听诊。

2. 测血压前嘱受试者休息 5～10min。因体力劳动及精神紧张均可影响血压。

3. 上臂位置应与右心房同高，听诊器放在肱动脉搏动位置上面时不能压得太重，更不能压在袖带底下进行测量，还必须注意听诊器胸件不能接触太松以致听不到声音。

4. 发现血压超出正常范围时，应让受试者休息 10min 后重测。在受试者休息期间，可将袖带解下。

实验二十一　蛙肠系膜微循环观察

【目的和原理】

观察蛙肠系膜血管的血流，以了解血管系统外周部分小动脉、毛细血管和小静脉的血流情况。小动脉血管内血流速度快，呈现轴流现象（血细胞在血管中央流动）；小静脉血流慢，无轴流现象；而毛细血管因受管径限制，仅允许血细胞单个通过，故能清晰地看到血细胞的流动情况。

【实验对象】

蟾蜍或蛙。

【实验器材和药品】

显微镜、有孔的软木蛙板、蛙类手术器械、大头针、20%氨基甲酸乙酯溶液、林格液。

【实验步骤和观察项目】

1. 取蛙一只，以20%氨基甲酸乙酯溶液进行皮下淋巴囊注射，剂量是每克体重2mg，约10～15min进入麻醉状态，亦可捣毁脑脊髓以代替麻醉。

2. 将蛙俯位固定在蛙板上，于下腹部的旁侧剪一长形切口，拉出一段小肠，用大头针数枚将肠系膜展开于蛙板孔上并加以固定。手术过程中要避免出血。为防止肠系膜干燥，须经常以林格液湿润，但也不宜过多（图7-5）。

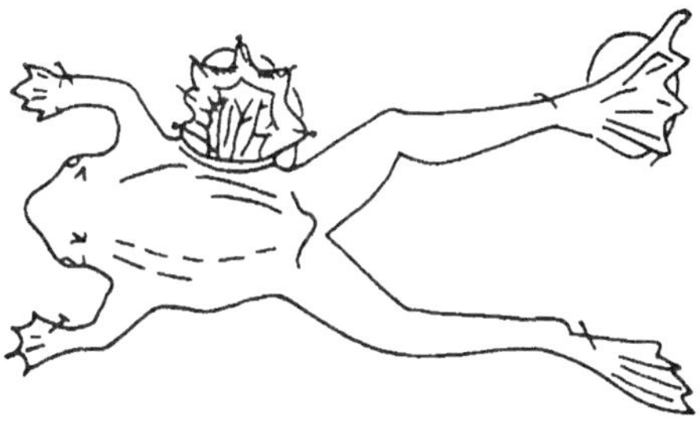

图7-5　蛙肠系膜微循环观察固定方法

3. 在低倍显微镜下，分辨小动脉、小静脉和毛细血管，观察其中血流的速度特征以及血细胞在血管内流动的现象。

【注意事项】

小动脉与小静脉的区别在于小动脉内血流较快，不均匀，有时可见脉搏样搏动，能区分出轴流与壁流；小静脉内流速较慢，但比毛细血管中的血流为快，没有脉搏样搏动，看不到有壁流的存在。

附：

1. 蛙舌微循环的观察：用小镊子将蛙舌自口腔内拉出，以大头针将舌边缘固定于板孔周围，于显微镜下观察循环情况。

2. 蛙蹼微循环的观察：将麻醉后的蛙固定在有孔蛙板上，展开趾蹼，于显微镜下观察蛙蹼的血流情况。

实验二十二　心血管活动的神经体液调节

【目的和原理】

观察家兔颈部迷走神经、交感神经和减压神经对心脏与血管活动的影响，验证心脏与血管活动的神经体液调节机制。

心脏受交感神经与副交感神经节后纤维的支配。心交感神经节后纤维兴奋时，其末梢释放递质去甲肾上腺素，作用于心脏的β_1受体，使心搏变快，传导加速，收缩力增强，以致心输出量增加，动脉血压上升。心副交感神经节后纤维兴奋时，其末梢释放递质乙酰胆碱，作用于心肌细胞上的M受体，使心跳变慢，心房肌收缩力减弱，房室传导速度减慢，心输出量减少，动脉血压下降。

血管绝大多数受交感神经节后纤维的支配，兴奋时其末梢释放递质去甲肾上腺素，主要作用于血管平滑肌的α受体使血管收缩，血液循环的外周阻力增大，血压升高。

在心血管活动的反射性调节中最重要的是颈动脉窦与主动脉弓压力感受器反射，又称减压反射。刺激减压神经时，引起的结果是心率减慢、心收缩力减弱、小动脉舒张、血压下降。

心血管活动除受神经调节外，还受体液因素的调节，其中最主要的为肾上腺素和去甲肾上腺素。它们对心血管的作用既有共性，又有特殊性。肾上腺素对 α 和 β 受体均能激活，使心搏加快，兴奋传导加速，心肌收缩加强，心输出量增加。它对血管的作用取决于两种受体中哪一种占优势。去甲肾上腺素主要是激活 α 受体，对 β 受体的作用很小，因而使外周阻力增加，动脉血压升高，其强心作用远较肾上腺素为弱。注入体内，则由于血压升高可反射性地引起心动过缓。

本实验是通过动脉血压的变化来反映心血管活动的变化。

【实验对象】

家兔。

【实验器材和药品】

BL－420F 系统、压力换能器、兔手术台、哺乳类动物手术器械、动脉插管、动脉夹、保护电极、注射器、丝线、棉绳、20％氨基甲酸乙酯溶液、肝素、1∶10000 去甲肾上腺素溶液、1∶10000 乙酰胆碱溶液。

【实验步骤】

1. 动物麻醉与固定　用 20％氨基甲酸乙酯溶液按每千克体重 5ml 的剂量从耳缘静脉缓慢注入。麻醉后将动物仰卧位固定于手术台上，剪去颈部手术野的毛并湿润局部。

2. 颈部手术　分离双侧颈总动脉及一侧的迷走神经和减压神经，在每条分离的神经及同侧的颈总动脉下各穿一条不同颜色的湿丝线以便区分，在另一侧的颈总动脉下穿两条丝线作插管用。

3. 插动脉插管　插管前先检查插管有无破裂，开口是否光滑，应充满肝素，排净气泡。钝性分离插管侧颈总动脉，尽可能分离靠动物头端的动脉，并在其远心端穿线结扎，用动脉夹夹住动脉的近心端，在结扎处与动脉夹之间的动脉长度愈长愈好，3cm 左右。在此段血管下穿一条线以备插管插入后结扎用。用锐利的眼科剪刀在尽可能靠远心端结扎处做一斜形切口，约切开管径的一半，然后将动脉插管向心脏方向插入血管，用已穿好的丝线扎紧插入血管的插管部分，并用同一丝线在插管的突起上缚紧固定，以防插管从插入处滑出。插好后应保持插管与动脉的方向一致，防止血管壁被插管口刺破。仔细检查压力换能器与动脉插管连接处，确保无漏液，小心松开动脉夹，即可见少量血液冲入动脉插管，并随心搏而波动。

4. 软件操作

启动 BL－420F 系统。

（1）启动系统后依次选定“实验项目”“循环实验”“兔动脉血压调节”。

（2）实验中对各实验项目打上标记。从右上角标记栏中选取相应项目名称，再将鼠标移至曲线上方点击即可打上标记。

（3）实验结束，文件取名、存盘。

（4）打开文件进行剪辑和打印。

【观察项目】

1. 正常血压曲线　调整增益、显速选择（扫描速度），使波形适中，开始记录。辨认心搏波（一级波）和呼吸波（二级波）。

2. 夹闭颈总动脉 启动 BL－420F 系统点击特殊标记选择区下拉按钮，选中“夹闭颈总动脉”，将光标移至 1 通道右侧，在夹闭动脉的同时单击鼠标左键即可将标记标上。标记的显示方向可通过“编辑”菜单中的“特殊标记显示方式”确定为横向或纵向。余同。

3. 刺激降压神经 启动 BL－420F 系统。

(1) 刺激完整的减压神经干：在按 F5 键启动刺激器，血压变化明显时，按下 F6 键停止刺激。或者单击工具条中“启动刺激器”按钮，血压变化明显时，再单击“停止刺激器”按钮。

(2) 剪断减压神经，分别刺激中枢端和外周端。

4. 注射去甲肾上腺素 由耳缘静脉注入 1∶10000 去甲肾上腺素溶液 0.3ml，推注药物的同时标注实验标记。

5. 注射乙酰胆碱 由耳缘静脉注入 1∶10000 乙酰胆碱溶液 0.2～0.3ml，推注药物的同时标注实验标记。

6. 刺激迷走神经外周端 靠近头端结扎迷走神经，并在结扎点的上方剪断迷走神经，提起迷走神经外周端置于刺激电极上，启动刺激并同时标注实验标记，操作同 3。

【注意事项】

1. 每项实验后，应待血压基本恢复并稳定后再进行下一项。在剪辑和打印的资料中，每项实验前应有正常对照。

2. 实验结束后，必须先结扎颈总动脉近心端，避免血液喷出，再拆除动脉插管。

实验二十三 减压神经放电

【目的和原理】

减压反射具有稳定动脉血压的作用。家兔主动脉弓压力感受器是感受主动脉压力变化的感受器，它的传入神经自成一束，被称为主动脉神经或减压神经。在正常情况下由于血液对主动脉压力感受器的冲击使减压神经不断有神经冲动向中枢传入。当血压升高的时候，主动脉弓压力感受器受到的刺激增加，减压神经传入冲动增加，从而对心血管中枢加压活动的抑制相对加强，使血压调回正常水平。当血压降低的时候，减压神经传入冲动减少，对心血管中枢加压活动的抑制减弱，使血压调回正常。

本实验的目的是用电生理学方法观察家兔减压神经传入冲动的发放，加深对减压反射的理解。

【实验对象】

家兔。

【实验器材和药品】

BL－420F 系统、压力换能器、引导电极、引导电极固定架、监听器、铁支架、动脉插管、动脉夹、滴管、注射器、玻璃分针、丝线、20％氨基甲酸乙酯、肝素、1∶10000 去甲肾上腺素溶液、1∶10000 乙酰胆碱溶液、液体石蜡。

【实验步骤】

1. 动物麻醉与固定 用 20％氨基甲酸乙酯溶液按每千克体重 5ml 的剂量从耳缘静脉缓慢注入。麻醉后将动物仰卧位固定于手术台上，剪去颈部手术野的毛并湿润局部。

2. 手术及颈总动脉插管 分离一侧颈总动脉进行插管，分离另一侧减压神经，下方穿一根温湿细线。具体操作同实验二十二“心血管活动的神经体液调节”。

3. 仪器连接　引导电极固定于引导电极固定架，引导电极输入端接 BL－420F 系统的 1 通道插座。用玻璃分针轻轻把减压神经放在引导电极上，神经不可牵拉过紧，记录电极应悬空，不要触及周围组织。用血管钳把神经周围的皮肤提起，做成人工皮兜，向皮兜内滴入 40℃的液体石蜡，防止神经干燥和温度降低。压力换能器输入端接 2 通道插座，监听器连于监听接口。

4. 软件操作　启动 BL－420F 系统依次选定“实验项目”“循环实验”“减压神经放电”调整增益、显速选择（扫描速度），使波形适中，开始记录。

【观察项目】

1. 观察正常时减压神经放电波形的频率和振幅，通过监听器可听见类似火车开动的声音。比较血压波动、减压神经放电和监听器音响之间的关系。

2. 由耳缘静脉注入 1∶10000 去甲肾上腺素溶液 0.3ml，使血压上升，观察减压神经放电频率和振幅的变化。推注药物的同时标注实验标记。

3. 由耳缘静脉注入 1∶10000 乙酰胆碱溶液 0.2～0.3ml，使血压下降，观察减压神经放电频率和振幅的变化。推注药物的同时标注实验标记。

【注意事项】

1. 仪器与动物应接地良好。

2. 注意神经的保温和防干燥，如放电电压减低，可将引导电极向外周端移动。

（刘慧霞　吴福轩）

第八章　呼吸实验

实验二十四　肺通气功能的测定

【目的和原理】

肺的主要功能是进行气体交换，以维持正常的新陈代谢。人的通气能力主要反映通气量的大小。在不同的生理或病理情况下。通气量都会发生改变。所以测定通气量，对了解通气的情况和通气的潜在能力、判断气体通道和肺部疾病的发展和预后以及肺部手术是否适宜进行等，都有实际意义。

本实验的目的是了解肺通气功能的测定方法与肺的正常通气量。

【实验对象】

人。

【实验器材和药品】

肺量计、橡皮吹嘴、鼻夹、75%乙醇、氧气、钠石灰、记录纸等。

【实验步骤和观察项目】

1. FJD－80 肺量计的结构及原理　肺量计的种类较多，结构有的简单、有的复杂，但基本原理大同小异。这里介绍上海产 FJD－80 单筒肺量计。其结构及使用原理见图 8－1。

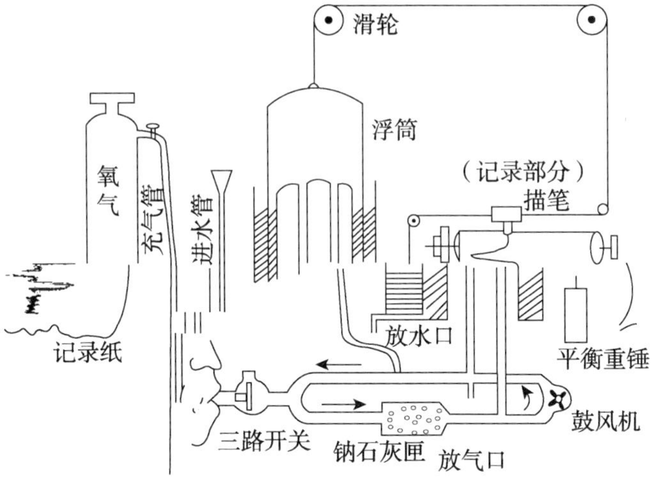

图 8－1　FJD－80 单筒肺量计原理图

一只浮筒倒扣在另一圆形容器的隔层水筒之中，就在浮筒内部形成了一个密闭的空间，仅有两个管道分别经呼吸气导管与外界相通。在呼气管道上安装一个钠石灰筒以吸收呼气中的 CO_2。呼吸气导管另一端连接于三路开关，然后经吹嘴与被试者口腔连接。呼吸气导管上有充 O_2 导管开口，并装有开关，用于向筒内灌注氧气。浮筒顶部的缆索通过滑轮传递与平衡重锤连接，以保持重量平衡。这样，随着呼吸运动，浮筒因内部气体容积相应发生变化而上下移动，带动描笔左右运动，描记肺通气量。在变速器带动的滚筒记录纸上，描记出各种肺通气功能曲线。

2. 操作准备 首先在肺量计内的钠石灰筒里加上新鲜粒状钠石灰，向水筒内加水至适量。筒内加水后切勿用力压浮筒，以免水溢出，关闭三路开关，打开充氧气开关，经与氧气瓶连接的橡皮管，缓缓向浮筒内注入氧气，使浮筒慢慢上升，充气至 5～8L 时关闭氧气瓶和充气管开关。

装好记录纸，放下描笔使之接触记录纸面，接通电源。取经煮沸并用 75%乙醇消毒的橡胶吹嘴连接于三路开关上，被试者口衔吹嘴，吹嘴的薄橡胶片置于口腔前庭，用牙咬住吹嘴上的两个突起，以便密封。夹上鼻夹。此时被试者由口腔经三路开关与外界进行呼吸。让被试者呼吸适应后，在呼气末将三路开关打开。此时，即可见描笔随呼吸左右移动。根据描笔移动幅度，可在记录纸上读出肺通气量。

3. 测定潮气量、补吸气量、补呼气量和肺活量

(1) 按下“记录”钮，仪器即处于记录准备状态。再按下“记录”钮上方的“3”小按钮，记录纸即以每 30s 一大格的速度缓慢前进。令被试者平静呼吸，此时所描记曲线的变化幅度即为潮气量。

(2) 令被试者在平静吸气末做一次最大限度的吸气。平静吸气末以后曲线的幅度为补吸气量。

(3) 稍待呼吸平静，即令被试者在平静呼气末继续做一次最大限度的呼气。平静呼气末曲线的增加幅度即为补呼气量。

(4) 平静呼吸数次后，令被试者做一次最大限度的吸气，随即做最大限度的呼气。呼气时曲线的变化幅度即为肺活量。

4. 测定用力呼气量 令被试者做最大限度吸气，在吸气末屏气 1～2s，按下记录“1”，立即令被试者用最快的速度呼气，直至不能呼出为止。即时关闭记录按钮。此期间记录纸前进速度为每秒一大格。在纸上可读出呼气开始后第一秒末、第二秒末和第三秒末所呼出的气量，计算它们各占全部呼出气量的百分率。正常人分别占呼出气量的 83%、96%和 99%。

5. 测定最大通气量 按下记录钮“2”，此时记录纸每 15s 前进一大格，令被试者尽力做最深最快的呼吸，直至 15s（记录纸前进一大格）。计算 15s 内吸入气（或呼出气）总量，乘以 4 为每分钟最大通气量。

6. 关掉电源，撤下吹嘴洗净 撕下记录纸进行分析和计算（图 8－2）。

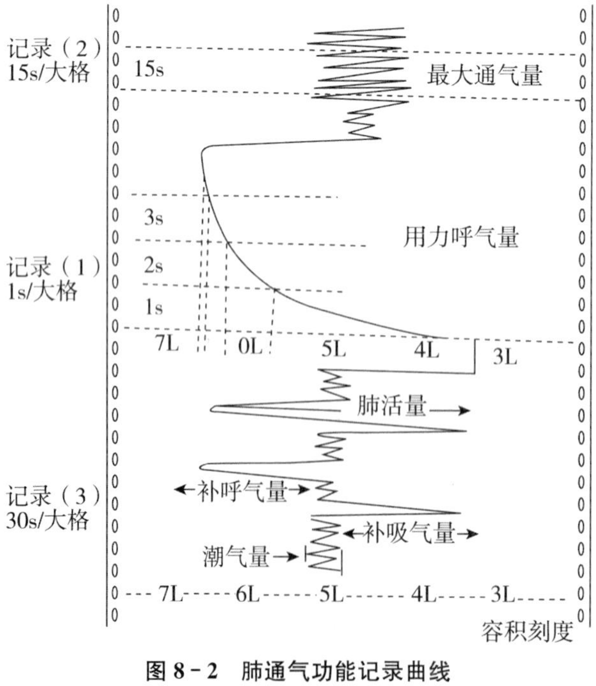

图 8－2 肺通气功能记录曲线

【注意事项】

接通三路开关，被试者应感觉呼吸阻力正常，否则应检查是否管道不够通畅或钠石灰失效等原因（后一原

因常在实验进行一段时间后出现呼吸困难和紧迫感）。

实验二十五 呼吸运动调节

【目的和原理】

呼吸运动能够有节律地进行，并能适应机体代谢的需要，是由于体内存在着完善的调节机制。体内外各种刺激可直接或间接地通过体内调节系统的作用而影响呼吸运动。本实验的目的是观察某些因素对呼吸运动的影响。

【实验对象】

家兔。

【实验器材和药品】

BL－420F 系统、压力换能器、张力换能器、保护电极、哺乳类动物手术器械、兔手术台、气管插管、注射器、50～100cm 长的橡皮管、纱布、线、球囊、生理盐水、20％氨基甲酸乙酯溶液、3％乳酸溶液、CO_2 气体、钠石灰瓶或 N_2 球胆。

【实验步骤】

1. 麻醉与固定 用 20％氨基甲酸乙酯溶液按每千克体重 5ml 的剂量由耳缘静脉注入，待动物麻醉后仰卧固定于手术台上。

2. 颈部手术 先剪去颈部的毛，沿颈部正中切开皮肤，分离气管，在气管上做一倒“T”形切口，插入气管插管并固定。分离出双侧迷走神经穿线备用。

3. 呼吸曲线描记 可用压力换能器法或张力换能器法。

（1）压力换能器法：气管插管一侧管接压力换能器，一侧管开放，供呼吸和改变刺激因素用，压力换能器输入端接 BL－420F 系统的 1 通道插座。如果描记的呼吸曲线幅度较小，可在气管插管的开放侧管接一稍细胶管或玻璃管。

（2）张力换能器法：在剑突下沿腹白线做一 3cm 左右的切口，暴露剑突，小心将剑突表面组织剥离，暴露出剑突软骨和剑突骨柄，将剑突背部的膈肌条与剑突分离少许，剪断剑突柄（注意勿造成气胸），使剑突完全游离并随膈肌收缩舒张而运动。用连在张力换能器上的铁钩钩住剑突，张力换能器的输入端接 BL－420F 系统的 1 通道插座。

4. 软件操作 启动 BL－420F 系统依次选定“实验项目”“呼吸实验”“呼吸运动调节”，调整增益、显速选择（扫描速度），使波形适中，开始记录。

【观察项目】

1. 描记正常呼吸曲线。

2. 增加吸入气二氧化碳浓度 启动 BL－420F 系统，点击特殊标记选择区下拉菜单按钮，选中“二氧化碳”，将光标移至 1 通道右侧，在将装有 CO_2 的球囊管口对准套在气管侧管的同时单击鼠标左键即可完成标记。如果特殊标记选择区中没有相应的实验标记，可通过编辑菜单中的“特殊实验标记编辑”命令，编辑所需的实验标记。标记的显示方向可通过“编辑”菜单中的“特殊标记显示方式”确定为横向或纵向。当呼吸变化明显时，去掉球囊。

3. 缺氧 将气管插管的一侧管通过钠石灰瓶，与盛有一定空气的球胆相连（采用张力换能器法者需夹闭气管插管的另一侧管），使兔呼吸球胆中的空气。这时，动物呼出的 CO_2，可被钠石灰吸收，随呼吸的进行，球胆中的 O_2 明显减少，观察呼吸运动的变化。也可将气管插管的一侧与盛有 N_2 的球胆相连（采用张力换能器法者需夹闭气管插管的另一侧管），让动物呼吸球胆中的 N_2，以达到缺 O_2 的目的。观察呼吸运动变化。标注“缺氧”标记方法同 2。

4. 增大无效腔　把长橡皮管连接在气管插管的一侧管上（采用张力换能器法者需夹闭气管插管的另一侧）。观察呼吸运动的变化。标注“增大无效腔”标记方法同 2。

5. 注射乳酸　由耳缘静脉注入 3%乳酸溶液 2ml，观察呼吸运动的变化。标注“乳酸”标记方法同 2。

6. 迷走神经在呼吸运动中的作用　描记一段正常呼吸运动曲线。先切断一侧迷走神经（标注“切断单侧迷走神经”），观察呼吸运动的变化。再切断另一侧迷走神经（标注“切断双侧迷走神经”），观察呼吸运动又有何变化？用中等强度的电刺激间断刺激一侧迷走神经的中枢端（标注“刺激迷走神经中枢端”），再观察呼吸运动的变化。

7. 图形剪辑打印　实验完毕，单击“暂停”按钮，进行当前通道的图形剪辑，把有意义的波形剪辑下来，然后排版打印。

【注意事项】

1. 分离膈肌条不能太靠上，以免造成气胸，剪断剑突骨柄时切勿伤及膈肌条。

2. 注射乳酸时不要刺穿静脉，以免乳酸外漏，引起动物躁动。

实验二十六　膈肌放电

【目的和原理】

呼吸中枢的节律性兴奋，通过支配呼吸肌的膈神经和肋间神经引起膈肌和肋间肌的节律性收缩与舒张，从而产生节律性呼吸运动。

本实验的目的是用电生理学的方法观察和记录在体膈肌放电，加深对呼吸运动调节的认识。

【实验对象】

家兔。

【实验器材和药品】

BL－420F 系统、压力换能器、监听器、针形电极或针头、哺乳动物手术器械、兔手术台、气管插管、注射器、20%氨基甲酸乙酯溶液、CO_2 气体。

【实验步骤】

1. 麻醉、固定及颈部手术：同实验二十五“呼吸运动调节”。

2. 装置连接

(1) 膈肌放电引导：在剑突下稍外侧，用两个钢柄注射针头向膈肌方向插入，若针头随呼吸节律摆动，说明插入膈肌，或者在剑突下方腹部正中开一个小口，直视膈肌，将两针头插入膈肌。信号输入线末端夹住针头，输入端接 BL－420F 系统 1 通道插座，监听器接监听接口。

(2) 呼吸运动描记：气管插管一侧管接压力换能器，压力换能器输入端接 BL－420F 系统的 2 通道插座。

3. 软件操作　启动 BL－420F 系统依次选定“实验项目”“呼吸实验”“膈神经放电”，调整增益、显速选择（扫描速度），使波形适中，开始记录。

【观察项目】

在给予刺激的同时，按照实验二十五“呼吸运动调节”的方法标注相应的实验标记。

1. 观察膈肌放电与呼吸运动的关系，注意膈肌放电形式及其通过监听器所发出的声音与吸气相的关系。

2. 吸入气中 CO_2 浓度增加对膈肌放电的影响。将 CO_2 球胆的管口与气管插管的一侧管相连，打开皮管夹，使 CO_2 吸入气管内，观察膈肌放电和呼吸运动的变化。标注相应标记。

3. 切断一侧迷走神经干后，观察呼吸及膈肌放电有何变化。再切断另一侧迷走神经，观察膈肌放电的变化。标注相应标记。

【图形剪辑打印】

实验完毕，单击“暂停”按钮，进行图形剪辑，把有意义的图形剪辑下来，编辑打印。

实验二十七　胸内负压与气胸

【目的和原理】

胸膜腔内压力，通常低于大气压，称为胸内负压。正常时其数值随呼吸深度而变化。在胸膜腔密闭性被破坏时胸内负压便消失。

本实验的目的是直接观察动物平静呼吸和在呼吸运动变化时胸内负压的变化。

【实验对象】

家兔。

【实验器材和药品】

BL-420F 系统、压力换能器、张力换能器、哺乳动物手术器械、兔手术台、胸内套管或注射针头、气管插管、长橡皮管、20ml 注射器、纱布、胶布、棉线、20%氨基甲酸乙酯溶液。

【实验步骤】

1. 动物麻醉和固定　用 20%氨基甲酸乙酯溶液按每千克体重 5ml 的剂量从耳缘静脉缓慢注入。麻醉后将家兔仰卧位固定于手术台上。

2. 手术和仪器连接

(1) 气管插管：方法同实验二十五“呼吸运动调节”。

(2) 用“张力换能器法”描记呼吸运动，方法同“呼吸运动调节”。张力换能器输入端接 1 通道插座。

(3) 将连有胸内套管或粗针头的压力换能器接 2 通道插座。

3. 软件操作　启动 BL-420F 系统。

(1) 依次选定“输入信号”“通道 1”“张力”。

(2) 依次选定“输入信号”“通道 2”“呼吸”。

(3) 调整增益、扫描速度（1、2 通道的扫描速度应相等），波形适中后，开始记录。

【观察项目】

在给予刺激的同时，按照实验二十五“呼吸运动调节”的方法标注相应的实验标记。

1. 平静呼吸时的胸内压　在右胸部腋前线的第四、五肋间之间，沿第五肋间上沿刺入胸内套管或粗针头，可见 2 通道扫描线向下移位，而后随呼吸运动升降，说明已插入胸膜腔，固定插管或针头。比较吸气时和呼气时的胸内压。

2. 增大无效腔加强呼吸运动　将气管插管的一个侧管闭塞，另一侧管接长橡皮管以增大无效腔，使呼吸运动加深加快，观察并记录此时胸内压的数值。

3. 憋气效应　在吸气末和呼气末分别闭塞气管插管两侧管。此时动物虽用力呼吸，亦不能呼出和吸入气体，处于憋气状态。观察并记录此时胸内压变化的最大幅度，是否可高于大气压。

4. 气胸　在穿刺的一侧沿第七肋骨上缘切开皮肤，用止血钳分离肋间肌，造成一个约1cm的创口，使胸膜腔与大气相通而形成气胸。观察此时胸内压的数值是否低于大气压，是否仍随呼吸运动而升降。此时由上腹部的切口透过膈肌可观察肺组织是否萎缩。

【注意事项】

1. 插胸内套管时切口不宜过大，动作要迅速，以免空气漏入胸膜腔过多。

2. 用穿刺针穿刺时，不要插得过猛过深，以免刺破肺组织和血管，形成气胸或出血。

3. 形成气胸后可迅速封闭漏气的创口，并用注射器抽出胸膜腔的气体，此时胸膜腔可重新呈现负压。

（吕　昆）

第九章　消化实验

实验二十八　胃肠运动的观察

【实验目的】

观察正常情况下胃和小肠的运动形式，以及神经和某些药物对胃肠运动的影响。

【实验对象】

家兔。

【实验器材和药品】

BL-420F 系统、哺乳动物手术器械、保护电极、台氏液、20%氨基甲酸乙酯溶液、阿托品注射液、新斯的明注射液。

【实验步骤】

1. 手术

（1）将兔用 20%氨基甲酸乙酯溶液按每千克体重 5ml 的剂量麻醉，麻醉后将家兔仰卧位固定于手术台上，剪掉颈部的毛，沿颈部正中线切开皮肤，分离出气管，插入气管插管。

（2）将腹部的毛剪掉，自剑突下沿腹部正中线切开腹壁，打开腹腔，暴露出胃及肠。

（3）在膈下食管的末端找出迷走神经的前支，套以保护电极。

（4）以温热盐水纱布将肠推向右侧，在左侧腹后壁肾上腺的上方找出左侧内脏大神经，套以保护电极。为了更清楚地观察胃肠运动，可在腹部切口两侧的正中，用有齿止血钳夹住腹壁，向外上方提起。

【观察项目】

1. 观察正常情况下的胃肠运动，注意胃的蠕动和紧张度，以及小肠的蠕动、分节运动和摆动运动。

2. 用重复电刺激膈下迷走神经，观察胃肠运动的变化。

3. 用重复电刺激左侧内脏大神经，观察胃肠运动的变化。

4. 由耳缘静脉注射新斯的明 0.2～0.3mg，观察胃肠运动的变化。

5. 在新斯的明作用的基础上，由耳缘静脉注射阿托品 0.5mg，再观察胃肠运动的变化。

【注意事项】

为避免胃肠暴露时间过长，使腹腔内温度下降以及使表面干燥，影响胃肠活动，应随时用温热的生理盐水湿润胃肠。

实验二十九　消化道平滑肌的生理特性

【目的和原理】

内环境的稳定是组织、器官保持正常功能的必要条件。因此将离体的组织、器官置于模拟的内环境中，则可在一定时间内保持其功能。本实验通过分析离体小肠在模拟内环境中的活动，学习离体器官的灌流方法，观察平滑肌的一般生理特性。

【实验对象】

家兔。

【实验器材和药品】

BL－420F 系统、张力换能器（10mg）、平滑肌恒温浴槽、铁支架、手术剪刀、注射器、丝线、温水、滴管、烧杯、台氏液、1∶10000 肾上腺素溶液、1∶10000 乙酰胆碱溶液、1∶10000阿托品溶液。

【实验步骤】

1. 恒温浴槽的准备　将平滑肌恒温浴槽中心管加入台氏液，外部容器中加入温水，开启电源加热，浴槽温度会自动稳定在 38℃左右。将加氧泵与浴槽通气管相通，调节橡皮管上的螺旋夹，使气泡一个接一个地通过中心管，以供氧气。

2. 标本制备　用木槌猛击兔的头后部使其昏迷。剖开腹部，用剪刀取下十二指肠及邻近上段小肠 20～30cm，用温热台氏液洗净肠内容物，每一实验组取一段长 3～4cm 的肠段，两端用细线结扎，一端系于通气管的挂钩上，另一端系于张力换能器的受力片，张力换能器的输入端接 BL－420F 的 1 通道插座。

3. 软件操作

启动 BL－420F 系统。

（1）依次选定“实验项目”“消化实验”“消化道平滑肌的生理特性”。

（2）调整增益、扫描速度，使波形适中，开始记录。

【观察项目】

在每项实验中，及时标注刺激标记，方法见实验十五“蛙心灌流”。

1. 观察肠段运动情况，注意观察其节律性运动及张力水平。

2. 在此基础上，在中心浴槽中加入肾上腺素溶液（1∶10000）1～2 滴，观察肠段张力和收缩活动的变化，作用出现后将中心浴槽中台氏液放掉，加入预先准备好的 38℃的新鲜台氏液，并重复更换 2～3 次。待肠段节律性活动恢复正常后再进行下一项实验。

3. 在浴槽中加入 1∶10000 乙酰胆碱溶液 1～2 滴，观察肠段的张力和收缩有何变化，然后以同上方法将浴槽内台氏液更换，待肠段恢复正常后再进行下一项实验。

4. 在浴槽中加入 1∶10000 阿托品溶液 2～4 滴，经 2 分钟后，再加入 1∶10000 乙酰胆碱 1～2 滴，观察肠段张力变化，并与第 3 项结果相比较。

5. 待肠段运动恢复正常后，关闭加热电源，中心浴槽内分别换成室温台氏液和自来水，观察肠段活动的变化。

【注意事项】

1. 在加药前，必须先准备好更换用的 38℃台氏液。

2. 每次加药前出现结果后，必须立即更换浴槽内的台氏液，待肠段恢复正常活动后再进行下一个项目。

（刘慧霞）

第十章　能量代谢与体温实验

实验三十　基础代谢测定

【目的和原理】

本实验采用封闭式间接测热法，其原理是根据能量代谢与气体代谢之间具有严格的依从关系，所以通过测定气体代谢即可间接地推算出能量代谢。因此需要测定一定时间内的氧耗量和 CO_2 产生量，求出呼吸商，得出氧热价，计算出机体在这段时间内的产热量。进食混合食物，通常人的呼吸商为 0.82，其相应的氧热价为 20.188kJ，因此测定每小时氧耗量，乘以 20.188kJ，再除以体表面积即为基础代谢率［kJ/（m^2·h)］。本实验的目的是了解基础代谢间接测定的原理及方法。

【实验对象】

人。

【实验器材和药品】

克鲁（Krogh）代谢仪、气压计、温度计、体重计、口瓣、鼻夹、乙醇棉球、氧气、钠石灰。

【实验步骤和观察项目】

1. 仪器介绍　克鲁代谢仪为一长方形盒，其上覆一浮斗。当此盒外围以水充满时，再把浮斗盖上，气体即不能透出，此时浮斗浮在水面上。当盒内气体容积增加时，浮斗上升；而气体容积减少时，浮斗下降。故盒内气体容积的改变可由浮斗之高低表示出来，借助浮斗上所连的描笔便记录在速度恒定的记录纸上。在测定过程中，随着被测者消耗盒内的氧气，使浮斗逐渐下降，描记的呼吸曲线的基线也随之下降。盒内的钠石灰是用来吸收呼出气中的二氧化碳的。

2. 实验准备

（1）被测者实验前禁食 12h 以上，静卧于诊室床上 0.5h，保持清醒，心情安静，肌肉松弛，室温 18～25℃。

（2）仪器内分别装入钠石灰和水，然后排净斗内的空气，扭转三路活塞使浮斗与外界隔绝，口瓣与外界相通。向斗内充入氧气约 4L。记录板上装好记录纸，描笔内加入墨水。

3. 实验操作　让被测者把消毒过的口瓣衔于口唇与齿之间，夹好鼻夹。先让被测者吸盒内的氧气。开动记录器，描记呼吸曲线，测定 6～10min 即可停止。

4. 基础代谢率的计算

（1）取下记录纸，紧贴曲线上端（呼气之末）引一条直线 AB（图 10－1），再从 B 点做一水平线与 A 点的垂线交于 C 点，AC 即为 6min 的氧耗量，测定后，记上各个项目。

1）6min 内的氧耗量（L）。

2）实验时温度（℃）。

3）实验时大气压［kPa（mmHg)］。

4）被测者身高　　cm；体重　　kg；年龄　　；性别　　。

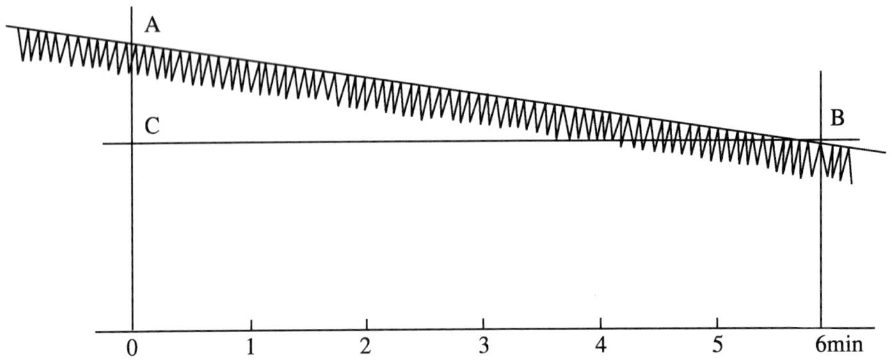

图 10 - 1　氧耗量测定结果的计算

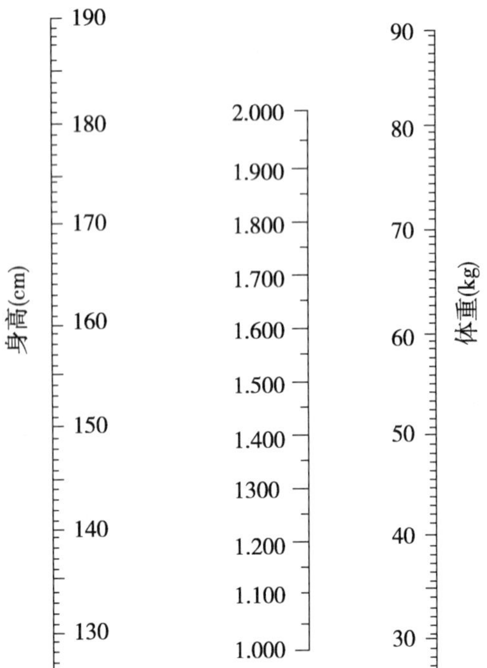

图 10 - 2　体表面积

根据被测者的身高和体重由图 10 - 2 查出体表面积______ m^2。

按测得的身高（cm）与体重（kg）分别在图中左、右二标尺查出两点，然后通过该两点做一直线，与中间的体表面积标尺相交点之数值，即受试者的体表面积（m^2）。

（2）将 6min 的氧耗量乘以 10 即得每小时的氧耗量。查表 10 - 1，找出在实验时的大气压与温度下的标准状态气体换算系数 K。根据公式 Vo＝K×Vt（Vt 为实际氧耗量，Vo 为标准状态下氧耗量），把氧耗量换算成标准状态下的气体。

（3）根据呼吸商（RQ）及氧热价算出每小时产热量。基础状态下的 RQ 按 0.82 计算，氧热价为 20.188kJ。每小时产热量＝20.188kJ×氧耗量/时。然后再除以被测者体表面积所得基础代谢值。

（4）根据表 10 - 2 与同性别、同年龄的正常基础代谢平均值比较，求出基础代谢率。

$$\text{基础代谢率}=\frac{\text{基础代谢实测值}-\text{正常基础代谢平均值}}{\text{正常基础代谢平均值}}\times 100\%$$

$$\text{标准状态气体换算系数为 } K=\frac{273}{273+t}\times\frac{P_t+P_{H_2O}}{760}$$

P_t 为实验当时气压。

P_{H_2O} 即为实验当时温度下的饱和蒸气压（查表 10 - 3）。

表 10－1　标准状态气体换算系数(1kPa=7.5mmHg)

mmHg \ 0℃	10	11	12	13	14	15	16	17	18	19	20	21	22	23	24	25	26	27	28	29
695	0.870	0.867	0.863	0.859	0.855	0.851	0.847	0.843	0.839	0.835	0.831	0.826	0.822	0.818	0.814	0.809	0.805	0.800	0.796	0.791
700	0.877	0.873	0.869	0.865	0.861	0.857	0.853	0.849	0.845	0.841	0.837	0.837	0.828	0.824	0.820	0.815	0.811	0.806	0.802	0.793
705	0.883	0.879	0.875	0.871	0.867	0.863	0.859	0.855	0.851	0.847	0.843	0.839	0.934	0.830	0.826	0.821	0.817	0.812	0.808	0.803
710	0.890	0.886	0.882	0.878	0.874	0.870	0.866	0.861	0.857	0.853	0.849	0.845	0.840	0.836	0.832	0.827	0.823	0.818	0.813	0.809
735	0.921	0.917	0.913	0.909	0.905	0.901	0.897	0.892	0.888	0.884	0.880	0.875	0.871	0.866	0.862	0.857	0.853	0.848	0.843	0.839
740	0.928	0.924	0.919	0.915	0.911	0.907	0.903	0.899	0.894	0.890	0.886	0.881	0.877	0.872	0.868	0.863	0.859	0.854	0.849	0.844
745	0.934	0.930	0.926	0.922	0.917	0.913	0.909	0.905	0.901	0.896	0.892	0.887	0.883	0.879	0.874	0.869	0.865	0.860	0.855	0.850
750	0.940	0.936	0.932	0.928	0.924	0.919	0.915	0.911	0.907	0.902	0.898	0.894	0.889	0.885	0.880	0.875	0.871	0.866	0.861	0.856
751	0.942	0.937	0.933	0.929	0.925	0.921	0.917	0.912	0.908	0.904	0.899	0.895	0.890	0.886	0.881	0.877	0.872	0.867	0.862	0.858
752	0.943	0.939	0.935	0.930	0.926	0.922	0.918	0.913	0.909	0.905	0.900	0.896	0.892	0.877	0.882	0.878	0.873	0.868	0.864	0.859
753	0.944	0.940	0.936	0.932	0.927	0.923	0.919	0.915	0.910	0.906	0.902	0.897	0.893	0.888	0.884	0.879	0.874	0.870	0.865	0.860
754	0.945	0.941	0.937	0.933	0.929	0.924	0.920	0.916	0.912	0.907	0.903	0.898	0.894	0.889	0.885	0.880	0.876	0.871	0.866	0.861
755	0.947	0.942	0.938	0.934	0.930	0.926	0.921	0.917	0.913	0.909	0.904	0.900	0.895	0.891	0.886	0.881	0.877	0.872	0.867	0.862
756	0.948	0.944	0.940	0.935	0.931	0.927	0.923	0.918	0.914	0.910	0.905	0.901	0.896	0.892	0.887	0.883	0.878	0.873	0.868	0.863
757	0.949	0.945	0.941	0.937	0.932	0.928	0.924	0.920	0.915	0.911	0.907	0.902	0.898	0.893	0.888	0.884	0.879	0.874	0.870	0.865
758	0.950	0.946	0.942	0.938	0.934	0.929	0.925	0.921	0.917	0.912	0.908	0.903	0.899	0.894	0.890	0.885	0.880	0.876	0.871	0.866
759	0.952	0.948	0.943	0.939	0.935	0.931	0.926	0.922	0.918	0.913	0.909	0.905	0.900	0.896	0.891	0.886	0.882	0.877	0.872	0.867
760	0.953	0.949	0.945	0.940	0.936	0.932	0.928	0.923	0.919	0.915	0.910	0.906	0.901	0.897	0.892	0.887	0.883	0.878	0.873	0.868
765	0.959	0.955	0.951	0.947	0.942	0.938	0.934	0.930	0.925	0.921	0.916	0.912	0.907	0.903	0.898	0.893	0.889	0.884	0.879	0.874
770	0.966	0.961	0.957	0.953	0.949	0.944	0.940	0.936	0.931	0.927	0.923	0.918	0.913	0.909	0.904	0.900	0.895	0.890	0.885	0.880

表 10-2 我国正常人的基础代谢率平均值 [kJ/ (m² · h)]

年龄（岁）	11～15	16～17	18～19	20～30	31～40	41～50	50 以上
男	195.5	193.4	166.2	157.8	158.6	154.0	149.0
女	172.5	181.7	154.0	146.5	146.9	142.4	138.6

表 10-3 不同温度时的水蒸气压（1kPa=7.5mmHg）

温度（℃）	水蒸气压力（mmHg）
10	9.14
11	9.77
12	10.43
13	11.14
14	11.88
15	12.67
16	13.51
17	14.49
18	15.33
19	16.32
20	17.36
21	18.46
22	19.63
23	20.86
24	22.15
25	23.52
26	24.95
27	26.67
28	28.06
29	29.74
30	31.51
31	33.37
32	35.33
33	37.37
34	39.52
35	71.78
36	44.16
37	46.65

（闫长虹）

第十一章　泌尿实验

实验三十一　尿生成的影响因素

【目的和原理】

尿生成的过程包括：肾小球的滤过、肾小管与集合管的重吸收、分泌和排泄。凡影响上述过程的因素都可引起尿量的变化。本实验的目的在于观察诸因素对尿生成的影响。

【实验对象】

家兔。

【实验器材和药品】

BL－420F 系统、受滴器、保护电极、铁支架、双凹夹、哺乳类动物手术器械一套、兔手术台、气管插管、动脉插管、动脉夹、膀胱插管、注射器、输液装置、生理盐水、20％氨基甲酸乙酯溶液、20％葡萄糖液、1∶10000 去甲肾上腺素溶液、呋塞米、垂体后叶素。

【实验步骤】

1. 手术

（1）麻醉及固定：用头皮针沿耳缘静脉按每千克体重 5ml 的剂量注入 20％氨基甲酸乙酯，推完麻醉药后接输液瓶继续缓慢输液（固定头皮针），待家兔麻醉后将其仰卧位固定于手术台上。

（2）沿颈部正中线切开皮肤，分离气管并插入气管插管，结扎固定。分离右迷走神经和左颈总动脉，穿双线备用。

（3）尿液收集

1）膀胱插管法：在耻骨联合上方，沿正中线做 4cm 长的皮肤切口，沿腹白线剪开腹壁及腹膜（勿伤腹腔脏器），将膀胱翻至体外（勿使肠管外露）。在膀胱底部左右侧辨认输尿管，穿线结扎膀胱颈部，以阻断它同尿道的通路。然后在膀胱顶部血管较少处剪一小口，插入膀胱插管，用线将膀胱壁结扎在膀胱插管壁上并固定。插管的另一端用导管连至受滴器。

2）输尿管插管法：在耻骨联合上方沿正中线向上做 5cm 长的皮肤切口，沿腹白线切开，打开腹腔，将膀胱移出体外，暴露膀胱三角，仔细辨认输尿管，并将输尿管与周围组织轻轻分离，避免出血。用线将输尿管近膀胱端结扎，在结扎外上部剪一斜口，把充满生理盐水的细塑料管向肾方向插入输尿管内，用线轻扎固定，进行导尿，可以看到尿液从细塑料管中慢慢地逐滴流出（注意：塑料管要插入输尿管管腔内，不要插入管壁肌层与黏膜之间；插管方向应与输尿管方向一致，勿使输尿管扭结，以免妨碍尿液流出）。手术完毕后用温热的（38℃左右）生理盐水纱布将腹部切口处盖住，以利保持腹腔内温度。将细塑料管连至记滴器。

（4）左颈总动脉插管　见实验二十二“心血管活动的神经体液调节”。

2. 仪器连接　压力换能器输入端接 1 通道插座，液滴信号引导线连到 2 通道的输入插座，另一端接受滴器。

3. 软件操作　启动 BL－420F 系统。

（1）依次选定“实验项目”“泌尿实验”“影响尿生成的因素”。

（2）调整增益、扫描速度，使波形适中，开始记录。

【观察项目】

在每项实验中，及时标注刺激标记，方法同实验二十二“心血管活动的神经体液调节”。

1. 记录尿量和血压。

2. 静脉中速注射 38℃生理盐水 20ml，观察尿量和血压的变化。

3. 剪断迷走神经，间歇电刺激右迷走神经近心端，使血压维持在 50mmHg 约 5～10 秒，观察尿量的变化。

4. 静脉注射 20%葡萄糖液 5ml，观察尿量和血压的变化。

5. 静脉注射 1∶10000 去甲肾上腺上腺素溶液 0.5ml，观察尿量和血压的变化。

6. 静脉注射呋塞米 0.5ml（5mg/kg），观察尿量和血压的变化。

7. 静脉注射垂体后叶素 6ml（2 单位），观察尿量和血压的变化。

【图形剪辑和排版打印】

实验完毕，结束实验，然后进行资料重显（即反演），并剪辑排版和打印，测量各项目前后的尿生成量（滴/分）。

【注意事项】

1. 认清输尿管。

2. 膀胱插管静置时应避免管口被膀胱壁贴紧而致堵塞。

（刘慧霞）

第十二章　感觉器官实验

实验三十二　视敏度测定与色盲检查

【目的和原理】

视敏度又称视力。即识别两个光点的最小距离，表现为辨别注视目标的能力。要感觉到注视目标的两点是否分开存在，视网膜上被两点刺激的锥体细胞之间至少要夹一个不受刺激的视锥体细胞。人们能辨别出两点间的最小距离时的视角（即两点发出的光线在眼球内节点处相交叉所构成的夹角）称为一分角。当视角为1′角时的视力为正常视力。

视力表就是根据视角的原理制成的。国内常用的国际标准视力表由12行“E”字构成。当被试者距视力表5米处观看第10行时，“E”字的第一缺口发出一光线恰在眼球内形成1′角。因此，凡在距5米处能辨认第10行“E”字缺口方向者，即为正常视力1.0。根据公式：

$$\frac{\text{被试者视力}}{\text{正常视力}}=\frac{\text{被试者辨认某字的最近距离}}{\text{正常视力辨认某字的最近距离}}$$

视力表每行“E”字左侧数字即按上述公式推算求得。如在5米处只能辨认第一行最大“E”字，则视力为0.1。本实验目的旨在学习视力测定的原理和方法。

【实验对象】

人。

【实验器材】

视力表（远视力表）、遮眼板、指示杆、米尺、色觉检查图谱。

【实验步骤和观察项目】

1. 视力表悬挂处应光线充足，必要时可用人工照明。被试者距视力表5米，视力表第10行应与眼同高。

2. 用遮眼板遮住一眼，按自上而下的顺序辨认表上的“E”，直到不能辨认的一行为止。其前一行代表被试者视力。如第一行也不能辨认者，则嘱被试者向视力表方向逐渐移近，直至能辨认为止，记录此时被试者距视力表的距离，按上述公式推算出视力。

3. 如上法测得另一眼视力。

4. 给被试者戴一凸透镜，用同样方法分别测定两眼的视力。观察其视力是否较前差。令被试者向前走，看走到何处才能看清戴镜前所能看清的最小“E”。为什么？

5. 色盲检查 检查时，色盲检查图谱放在光线充足处。令被试者遮蔽一眼，先查一眼的色觉。

6. 检查者依次打开色盲检查图谱，让被试者读出图上的数字、形状或线条，注意被试者回答是否正确。如发生错误，则按说明查阅色盲检查图谱中的说明，查出被试者属哪一类色盲。

7. 按上述方法再查另一眼色觉。并记录结果。

实验三十三 视野测定

【目的和原理】

视野是指当眼球固定，注视前方一点时所能看到的空间范围。测定视野有助于了解视网膜、视觉传导路和视觉中枢的功能。本实验的目的旨在学习视野计的使用方法，以及正常人白、红、绿、黄各色视野的测定。

【实验对象】

人。

【实验器材】

视野计、各色视标（白、红、黄、绿）、铅笔、视野图纸。

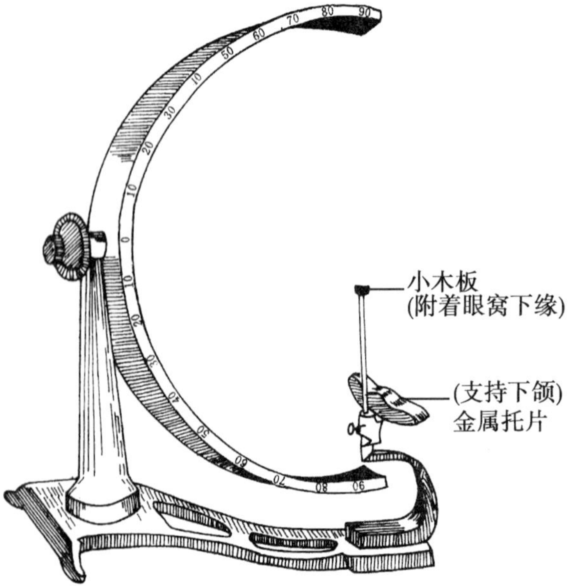

图 12－1 视野计的构造

【实验步骤和观察项目】

1. 观察视野计的结构图(图 12－1)并熟悉它的使用方法。

2. 将视野计对着充足的光线放好。让被试者把下颌放在托颌架上，眼眶下缘靠在眼眶托上，调整托颌架的高度，使眼恰与弧架的中心点位于同一水平。先将弧架摆在水平位置。遮住一眼，用另一眼注视弧架的中心。实验者从周边向中央慢慢移动弧架上插有白色纸片的视标架。随时询问被试者是否看到白色视标。当被试者回答看到时，就将视标移回一些，然后再向前移，重复试一次。待得出一致结果后，就将被试者刚能看到视标时视标所在点划在视野图线的相应经纬度上。用同样方法测出对侧能看到的视标点，将各测到的点均绘制在视野图纸的相应经纬度上。

3. 将弧架转动 45°角，重复上述操作。如此继续下去，其操作四次，得出八个点，将视野图纸上的八个点连接起来就得出视野范围。

4. 依相同的操作方法，测定红、黄、绿各色视觉的视野。

5. 同样方法，测定另一眼的视野。

实验三十四 盲点测定

【目的和原理】

视神经经视网膜穿出的部位没有感光细胞。外来光线成像于此处不能引起视觉，因此，生理学上将此处称为生理盲点。我们根据物体成像的规律，找出盲点所在的位置和范围是本实验的目的。

【实验对象】

人。

【实验器材】

白纸、铅笔、遮眼板、小黑色标记物、尺。

【实验步骤和观察项目】

1. 将白纸贴于墙上，被试者立于纸的前方，用遮眼板遮住一眼，在白纸上和另一眼水平的地方用铅笔划“十”字记号，使眼与“十”字间距 50cm，请被试者目不转睛地注视“十”字。实验者将小黑色标记物由“十”字开始慢慢向外侧移动，直至被试者看不到目标物时，将此时目标物的位置用标记记下来。继续慢慢向外移动目标物，直至再次看到，再记下它的位置。由所记下的两个标记的中点起，沿不同方向移动目标物，分别记下看到至看不到的交界点，将各点用连线联接起来，可形成一个大致呈现圆形的环。此环包括的区域即为盲点投射区域。

2. 根据相似三角形各对应边呈正比例的原理，计算出盲点与中央凹的距离和盲点的直径。参考下列公式：

由于 $$\frac{\text{盲点与中央凹的距离}}{\text{盲点投射区域与十字的距离}}=\frac{\text{节点与视网膜的距离}}{\text{节点至白纸距离}}$$

所以，盲点与中央凹的距离＝盲点投射区域与十字的距离×15/500（mm）。

由于 $$\frac{\text{盲点直径}}{\text{盲点投射区域直径}}=\frac{\text{节点与视网膜的距离}}{\text{节点至白纸的距离}}$$

所以，盲点直径＝盲点投射区域直径×15/500（mm）。

实验三十五　视觉调节反射和瞳孔对光反射

【目的和原理】

物体和眼球距离的变化，可通过反射引起眼球内外肌的活动，结果使晶状体的曲率、瞳孔的直径和两眼视轴的交角发生变化，从而保证了物体在两眼视网膜的相称部位形成清晰的像，这个反射称为视觉调节反射，射入眼内光线强度的变化也能反射地引起瞳孔直径的变化，从而控制射入眼内的光量，称为对光反射。本实验的目的是观察视觉调节反射和瞳孔对光反射。

【实验对象】

人。

【实验器材】

手电筒、蜡烛、火柴。

【实验步骤和观察项目】

1. 晶状体屈光度的调节　在暗室中，于被试者眼前 150cm 处放一小发光体（可用手电筒），令被试者静坐并注视眼前发光体片刻。再在被试者眼前 30～50cm 偏颞侧 45°处置一烛光，试者从另一侧观察被试者眼球内的三个烛像（图 12－2），识别它们与眼球内各反光面的关系。其中，最亮的中等大小的正像①是光线在角膜表面反射形成的；较暗的最大的一个正像②是光线在晶状体前表面反射形成的；最小的一个倒像③是光线在晶状体后表面反射形

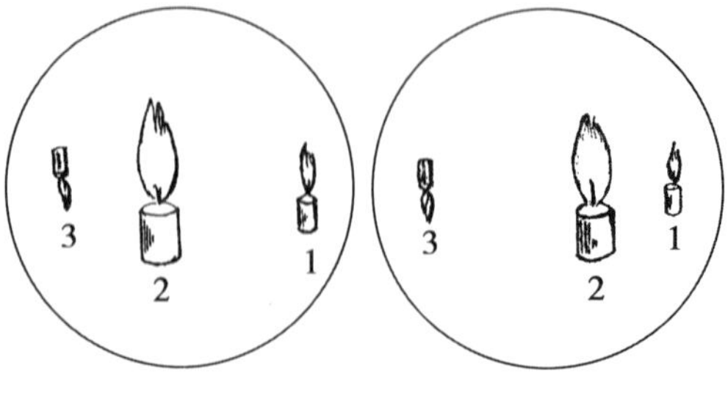

图 12-2 视调节反射进行时眼球各反光面映像的变化

左图：看远物时　右图：看近物时

①为蜡烛在角膜前面的结像；②为晶状体前面的结像；③为晶状体后面的结像

成的。看清三个烛像后令被试者迅速注视眼前 15cm 处的物体（可用试验者的手指），此时可观察到第二像变小且向第一像靠近。这是晶状体前表面曲率增加的结果。

2. 瞳孔和视轴的调节　令被试者注视正前方远处的物体，试者看清其瞳孔的大小。事先告知被试者，当物体移近时，眼睛必须紧跟注视物体。然后将物体由远处迅速向被试者眼前移动，在此过程中可观察到被试者的瞳孔逐渐缩小，同时两眼视轴向中间会聚。

3. 瞳孔对光反射　在光线较暗处，用手电筒照射被试者的眼，观察该眼瞳孔的变化。在鼻梁上用遮光板隔离照射眼球的光线，再用手电筒照射另一眼，观察另一眼的瞳孔变化。被试者两眼须直视远方，不可注视灯光，否则即引起前述的瞳孔调节。

实验三十六　声音的传导途径

【目的和原理】

比较声音的空气传导和骨传导两种途径的特征，进而了解和掌握临床上常用的鉴别传导性耳聋与神经性耳聋的试验方法与原理。

正常人内耳接受的声波刺激主要经由外耳、鼓膜和听小骨传入，即空气传导，这是声音的主要传导途径。声音亦可经由颅骨、耳蜗骨壁传入内耳，称为骨传导。但空气传导的功效远远大于骨传导。

【实验对象】

人。

【实验器材】

音叉（频率为 256 次/秒）、棉球、胶管。

【实验步骤和观察项目】

1. 比较同侧耳的空气传导和骨传导（任内试验）

（1）室内保持肃静，被试者取坐位。检查者敲响音叉后，立即将叉柄置于被试者一侧颞骨乳突部。此时，被试者可听到音叉响声。以后，随时间经过，声音逐渐减弱。

（2）当被试者刚刚听不到声音时，立即将音叉移至其外耳道口，则被试者又可重新听到响声。反之，先置音叉于外耳道口处，当听不到响声时再将音叉移至乳突部，被试者仍听不到声音。这说明正常人气传导时间比骨传导时间长，临床上叫做任内试验阳性（+）。

（3）用棉球塞住同侧耳孔，重复上述实验步骤，则气传导时间缩短，等于或小于骨传导时间，临床上称为任内试验阴性（-）。

2. 比较两耳骨传导（魏伯试验）

（1）将发音的音叉柄置于被试者前额正中发际处，令其比较两耳的声音强度。正常人两耳声音强度相同。

（2）用棉球塞住被试者一侧耳孔，重复上项操作，询问被试者声音偏向哪侧？

（3）取出棉球，将胶管一端塞入耳孔，管的另一端塞入另一人耳孔。然后将发音的音叉置于被试者的同侧乳突上，另一人可通过胶管听到响声。这现象说明什么问题？

3. 根据上述实验现象，考虑如何鉴别传导性耳聋与神经性耳聋？

【注意事项】

1. 敲响音叉，用力不要过猛，切忌在坚硬物体上敲打，以免损坏音叉。

2. 音叉在外耳道口时，应使振动方向正对向外耳道口，注意叉枝勿触及耳郭或头发。

实验三十七 动物一侧迷路破坏效应

【目的和原理】

内耳迷路中的前庭器官是感受头部空间位置与运动的器官，通过它可反射性地影响肌紧张，从而调节机体姿势平衡及运动协调。如果一侧受到破坏，在静止和运动时失去正常的姿势与平衡的能力，由于眼外肌肌紧张障碍，还会发生眼球震颤。本实验目的是观察迷路在维持身体姿势中的作用。

【实验对象】

蟾蜍、豚鼠。

【实验器材和药品】

外科手术器械一套、探针、滴管、纱布、水盆、氯仿。

【实验步骤和观察项目】

1. 破坏蟾蜍的一侧迷路　将蟾蜍躯干用纱布包裹后握于左掌内，张开其口腔，用解剖刀将颅底的口腔黏膜做一横切口，分开黏膜，可看到“+”字形副蝶骨。副蝶骨左右两旁的横突，即迷路的所在部位。将一侧横突的骨质用刀削去一部分，可看到粟粒大的小白点，就是内耳囊。将金属探针刺入小白点，捣毁迷路，数分钟后，观察蟾蜍静、爬行和游泳时姿势的改变。

2. 豚鼠一侧迷路功能的消除

（1）取一只豚鼠使侧卧位。一手抓住其耳郭，另一手用吸管吸取 0.5ml 氯仿，向外耳道的深处注入，使氯仿作用于半规管，消除其感受的作用，待 10～15min 后，观察豚鼠的姿势变化。

（2）与麻醉前比较，头开始偏向迷路麻醉的一侧，随即出现眼球震颤，并可持续 30min 之久，可见到豚鼠偏向麻醉迷路侧做旋转运动。

【注意事项】

1. 蟾蜍颅骨板很薄，损伤迷路时，勿伤脑组织。

2. 氯仿剂量要适度，过量会造成动物麻醉死亡。

实验三十八 耳蜗微音器效应和微音器电位

【目的和原理】

了解微音器电位的记录方法，观察微音器效应。当耳蜗受到声音刺激时，能像微音器那样，把声波的机械能转变为电能。因此在耳蜗及其附近结构可记录到这种电位变化，称之为耳蜗微音器电位。这种电位的特点是它的波形、频率及位相同刺激声波完全符合，其位相随声波位相的改变而改变，所以又称它为耳蜗微音器效应。

目前常用圆窗引导法记录微音器电位。若将引导电极放在豚鼠的内耳圆窗附近，用短声刺激时，除能记录到微音器电位外，还可记录到耳蜗神经复合动作电位。耳蜗神经动作电位出现在微音器电位之后，一般包括 N1、N2 两个负波，施加足够的刺激有时还可出现 N3，耳蜗神经动作电位随刺激的增大而变大，但两者并不呈直线关系。一般认为负电位是不同神经纤维的动作电位同步化而产生的，所以在一定程度上，电位的大小能表示被兴奋的神经纤维的数目。

【实验对象】

豚鼠。

【实验器材和药品】

BL－420F 系统、监听器 2 个、银球引导电极、小动物解剖器械、注射器、棉球、探针，20％氨基甲酸乙酯溶液。

【实验步骤】

1. 仪器连接　电位引导线接 BL－420F 系统 1 通道插座，一个监听器接监听输出口，另一个接刺激输出口。

2. 手术

（1）用 20％氨基甲酸乙酯溶液按每千克体重 6ml 的剂量腹腔内注射麻醉。

（2）在耳郭根部剪毛，沿耳郭根部后缘切开皮肤，分离组织，剔净肌肉暴露外耳道口后方的颞骨乳突部；乳突部呈椭圆形，表面光滑，用探针在乳突上钻一孔，并小心扩大至孔径 3～4mm，防止血液渗入孔内，由此向前方深部观察，在相当于外耳道孔内侧的深部，可见尖端向下的耳蜗及上方的圆窗。圆窗口朝向外上方，孔径约 0.8mm（图 12－3）。

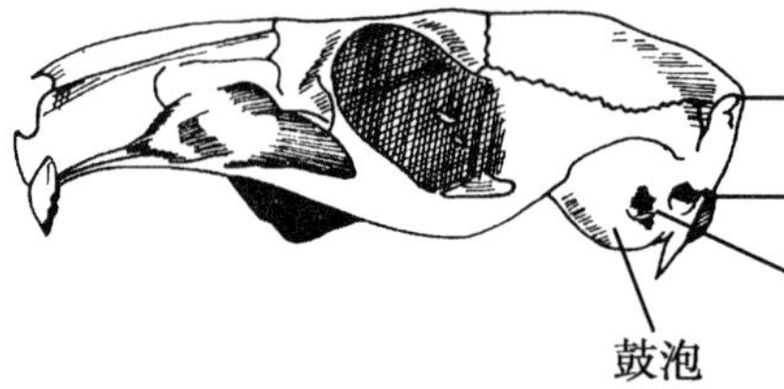

图 12－3　耳蜗手术位置示意图

（3）将豚鼠侧卧，使其头部嘴端稍向下垂以便电极插入。电极前端稍弯曲经骨孔向内前轻轻插入，使电极球部与圆窗接触，注意勿戳破圆窗。无关电极和接地电极夹在头部创口肌肉上。

3. 软件操作　启动 BL－420F 系统。

（1）依次选定“实验项目”“感觉器官实验”“耳蜗生物电活动”。

（2）调整增益、扫描速度。

【观察项目】

1. 实验者对准豚鼠外耳道口吹气、说话或唱歌，可听见监听器发出同样的声音，并观察与声音同步的电变化。

2. 启动刺激器使监听器发出短声，把监听器对准豚鼠外耳道，观察微音器电位和听神经动作电位并可听见另一监听器发出短声。

【注意事项】

1. 解剖动物时切勿伤及血管，防止血液渗入骨孔内。

2. 插引导电极是实验成功的关键，要小心插入使电极与圆窗接触良好。

（刘荷珍　吴　林）

第十三章　神经系统实验

实验三十九　反射弧分析

【目的和原理】

在神经系统参与下，机体对刺激所做规律性应答称为反射。较复杂的反射需要较高级中枢部位的整合，而一些较简单的反射，只需通过中枢神经系统的低级部位就能完成。例如将动物的高级中枢切除，而仅保留脊髓的动物称为脊动物（如脊蛙、脊猫），此时动物产生的各种反射活动为单纯的脊髓反射。反射活动的结构基础是反射弧，它一般包括感受器、传入神经、神经中枢、传出神经和效应器五部分。反射弧的任何部分受破坏，均不能实现完整的反射活动。本实验的目的是用脊蛙分析屈肌反射反射弧的组成部分，探讨反射弧的完整性与反射活动的关系。

【实验对象】

蟾蜍或蛙。

【实验器材和药品】

蛙类手术器械一套、铁支架、铁夹、电刺激器、刺激电极、棉球、纱布、培养皿、烧杯、0.5%硫酸溶液。

【实验步骤和观察项目】

取蟾蜍或蛙一只，用剪刀横向伸入口腔，从鼓膜后缘处剪去颅脑部，保留下颌部分，以棉球压迫创口止血，然后用铁夹夹住下颌，悬挂在铁支架上。此外，亦可用探针由枕骨大孔刺入颅腔捣毁脑组织，以一小棉球塞入创口止血制备脊蛙。

1. 用培养皿盛0.5%硫酸溶液，将蟾蜍或蛙左侧后肢的脚趾尖浸于硫酸溶液中，观察屈肌反射有无发生。然后用烧杯盛自来水洗去皮肤上的硫酸溶液。

2. 绕左侧后肢在趾关节上方皮肤做一环状切口，将足部皮肤剥离，重复步骤1，结果如何？

3. 按步骤1的方法以观察硫酸溶液刺激右侧脚趾尖，观察反射活动。

4. 在右侧大腿背侧剪开皮肤。在二头肌和半膜肌之间分离找出坐骨神经，在坐骨神经上做两个结扎，在两个结扎间剪断神经。重复步骤3，结果如何？

5. 以连续电刺激，刺激右侧坐骨神经中枢端，观察腿部反应。

6. 用探针捣毁蟾蜍之脊髓后，重复步骤5。

7. 刺激坐骨神经外周端，观察同侧腿部反应。

8. 直接刺激右侧腓肠肌，其反应如何？

【注意事项】

1. 剪颅脑部位应适当，太高则部分脑组织保留，可能会出现自主活动，太低则伤及上部脊髓，可能使上肢的反射消失。

2. 浸入硫酸的部位应限于趾尖，勿浸入太多。

实验四十　脊髓反射

【目的和原理】

利用脊蛙观察脊髓反射，测定反射时，并研究脊髓反射中枢活动的若干特征。

【实验对象】

蟾蜍或蛙。

【实验器材和药品】

蛙类手术器械一套、血管钳一把、铁支架、铁夹、电刺激器两台、刺激电极两个、秒表、培养皿、烧杯、滤纸、纱布、0.5%硫酸溶液。

【实验步骤和观察项目】

如实验三十九剪去或破坏蟾蜍脑部，保留脊髓，然后将铁钳夹住蟾蜍下颌悬挂在铁支架上，并进行下列测定和观察。

1. 测定反射时　用培养皿盛0.5%硫酸溶液，将蟾蜍任一后肢的脚趾尖浸入硫酸溶液中，同时用秒表记录从浸入时起至腿发生屈曲所需要的时间，即反射时。观察后立即将该足趾浸入清水中浸洗数次，然后用纱布拭干。按上法重复三次，求其平均值，此值即为反射时。

2. 总和

(1) 空间总和：将两副刺激电极各连接至刺激器后，分别接触蟾蜍同一后肢互相紧靠的两处皮肤，并各找出接近阈值的阈下单个电刺激强度。当分别进行单个电刺激时均不引起反应，然后以同样的阈下强度，同时刺激上述两处皮肤，观察其结果如何？有无反射发生？

(2) 时间总和：只用一副电极，以上述阈下强度做连续刺激，观察结果如何？

3. 后放　用适宜强度的连续电刺激蟾蜍后肢皮肤，至出现屈肌反射即停止刺激，观察是否有连续的反射活动发生。并以秒表计算自刺激停止时起，到反射动作结束之间，共持续多少时间。强刺激与弱刺激的结果有何不同？

4. 扩散　以弱的连续电刺激蟾蜍的前肢，观察其反应部位如何？逐渐加大刺激的强度，观察在强电流刺激下其反应部位有无增加扩大。

5. 抑制　按照步骤1的方法测定反射时，然后用血管钳夹住一侧前肢，待蟾蜍安静后，重复测定上述后肢的反射时，观察其有无延长？每次测定反射时后，均需及时用清水洗净拭干皮肤。

6. 搔扒反射　将浸以硫酸的小滤纸片一块，贴在蟾蜍腹部下段的皮肤上，可见四肢向此处搔扒，直到除掉滤纸片为止。

【注意事项】

测定反射时，每次浸入硫酸的足趾及其范围应该相同，以便使每次刺激部位和强度相同。每次测定后勿忘洗足并拭干。

实验四十一　刺激大脑皮质引起的躯体运动和血压、呼吸反应

【目的和原理】

大脑皮质既与躯体运动密切相关，也影响内脏功能。暴露大脑皮质，直接刺激大脑皮质

的某些部位能引起特定肌肉或肌肉群的收缩，刺激大脑皮质的另一些部位还可看到循环、呼吸等植物性反应。本实验将以电刺激方法观察到这些现象。

【实验对象】

家兔。

【实验器材和药品】

BL－420F 系统、压力换能器 2 个、哺乳动物手术器械、骨钻、骨钳、刺激电极、骨蜡或止血海绵、20％氨基甲酸乙酯溶液。

【实验步骤和观察项目】

1. 实验准备

（1）取家兔一只，用 20％氨基甲酸乙酯按每千克体重 5ml 的剂量耳缘静脉注射麻醉（麻醉不宜过深），麻醉后将家兔仰卧位固定在兔台上。

（2）剪去颈部的毛。自颈部正中线切开皮肤，暴露气管，安置三通气管插管并使其旁管与压力换能器相连，输入 BL－420F 系统的 1 通道插座（见实验二十六）。

（3）暴露一侧颈总动脉，安置动脉插管，待描记血压用（见实验二十二）。压力换能器输入 BL－420F 系统的通道 2 插座。

（4）翻转家兔，改为俯卧位固定，进行以下手术。

（5）剪去颅顶部的毛。沿矢状缝切开皮肤并用刀柄刮去颅顶骨膜。用骨钻和骨钳开颅，勿伤及硬脑膜。然后，放松固定的绳索，进行下列实验。

2. 观察项目

（1）描记血压、呼吸曲线。用重复电刺激通过硬脑膜，刺激一侧大脑皮质的各个部位，观察并记录刺激引起骨骼肌运动以及血压、呼吸反应。

（2）在另一侧大脑皮质上重复上述实验。

（3）在实验前，先画好兔大脑半球背面观的轮廓图，实验中观察到的反应标记在相应部位（图 13－1）。

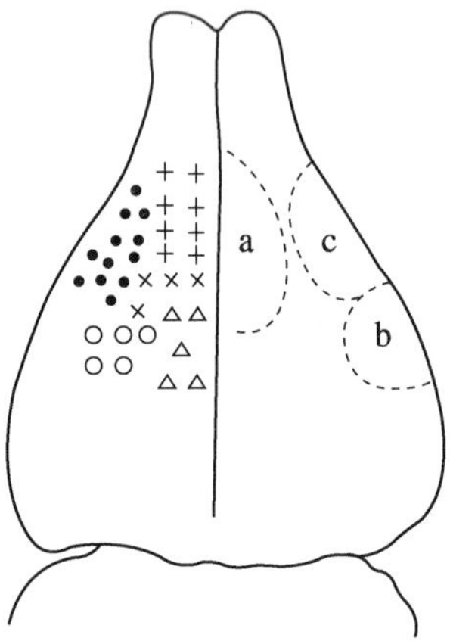

图 13－1 刺激兔大脑皮质的运动效应

a. 中央后区 b. 脑岛区 c. 下颌运动区

○头；● 下颌；△ 前肢；＋颜面肌和下颌；×前肢和后肢

【注意事项】

1. 刺激不能过强。

2. 由于刺激大脑皮质后的肌肉收缩反应往往有较长的潜伏期，所以每次刺激应持续 5～10s 才能确定有无反应。

3. 颅骨创口出血可用骨蜡封闭出血点止血。

实验四十二 去大脑僵直

【目的和原理】

中枢神经系统对伸肌的紧张度具有易化作用和抑制作用，通过二者的作用使骨骼肌保持适当的紧张度，以维持机体的正常姿势。若在中脑上、下丘之间离断动物的脑干，则抑制伸肌的作用减弱而易化伸肌紧张的作用相对加强，动物将出现四肢伸直、头尾昂起、脊柱后挺的角弓反张现象。

【实验对象】

家兔。

【实验器材和药品】

哺乳动物手术器械一套、骨钻、咬骨钳、竹刀、骨蜡或止血海绵、纱布、脱脂棉。20%氨基甲酸乙酯溶液、生理盐水。

【实验步骤和观察项目】

1. 麻醉　从兔耳缘静脉按每千克体重 0.5～0.8g 的剂量缓慢注入 20%氨基甲酸乙酯溶液。

2. 手术　家兔麻醉后，剪去颈部及头顶的毛，然后将家兔仰卧位固定在手术台上，切开颈部皮肤，分离肌肉，做气管插管，找出两侧颈总动脉，穿线以备结扎。将家兔转俯卧位，把头固定在头架上。由两眉间至枕部头皮纵行切开，用刀柄向两侧剥离肌肉和骨膜，在旁开矢状缝 0.5cm 左右的颅顶处用骨钻开孔，再以小咬骨钳将创口扩大，暴露整个大脑上表面。扩创时，若颅骨出血可用骨蜡止血，特别是对侧扩展时，要注意勿伤及矢状窦，以免大出血。用小缝合针在矢状窦的前与后各穿一线并结扎。剪开硬脑膜，结扎两侧颈总动脉。将动物的头托起，用竹刀从大脑半球后缘轻轻翻开枕叶，即可见到四叠体（上丘较大，下丘较小）在上、下丘之间向前倾斜，以竹刀向颅底横切（图 13－2），将脑干完全切断。

3. 观察试验结果　10 分钟后，可见家兔出现四肢伸直、头昂起、尾上翘、脊柱后挺的角弓反张现象（图 13－3）。

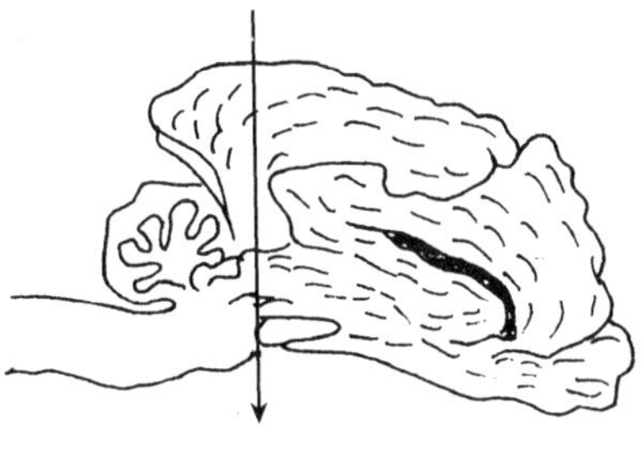

图 13－2　家兔脑干切断部位示意

图 13－3　家兔去大脑僵直

【注意事项】

1. 麻醉不能过深。

2. 切断脑干处的定位要准确，若切断部位太低，可损伤延髓呼吸中枢，引起呼吸停止；反之，横切部位过高，则可不出现去大脑僵直现象。

实验四十三　大脑皮质诱发电位

【目的和原理】

大脑皮质运动区是调节躯体运动功能的高级中枢。它通过锥体系及锥体外系下行通路，控制脑干和脊髓运动神经元的活动，从而控制肌肉运动。电刺激运动区的不同部位，能引起特定的肌肉发生短促的收缩。这些皮质部位呈有规律的排列，特别在人和高等动物的中央前回最为明显，称为皮质运动区功能定位。在低等的哺乳动物，如兔和大鼠，大脑皮质运动区功能定位已具一定雏形。

本试验的目的是通过观察电刺激大脑皮质运动区的躯体运动效应和皮质运动区功能定位现象，了解皮质运动区对躯体运动的调节作用。

【实验对象】

家兔。

【实验器材和药品】

BL－420F 系统、银球引导电极、哺乳动物手术器械、骨钻、咬骨钳、骨蜡、保护电极、20%氨基甲酸乙酯溶液、液体石蜡。

【实验步骤和观察项目】

1. 麻醉和手术 用 20%氨基甲酸乙酯按每千克体重 5ml 的剂量由耳缘静脉注入，分离左侧坐骨神经，把保护电极安放在坐骨神经上，并用浸有 38℃液体石蜡的棉条覆盖，把皮肤切口用止血钳夹闭。在头顶正中线切开头皮 5～7cm，暴露颅骨骨缝，在矢状缝右侧 2～10mm、人字缝前 5～10mm 处钻孔，再用骨钳扩大。勿伤及正中线血管。骨缝出血可用骨蜡封闭。用针头挑起硬脑膜，用剪刀剪开。滴上 38℃的液体石蜡，以保护皮质。

2. 仪器连接和安放电极 引导电极输入端接 BL－420F 系统 1 通道插座。确保银球引导电极与皮质表面接触良好，但不可压力太大而伤及脑组织，参考电极置于头部切口处，保护电极经刺激输出线接刺激输出口。

3. 软件操作和观察项目 启动 BL－420F 系统。

（1）依次选定“实验项目”“中枢神经实验”“大脑皮质诱发电位”。

（2）在弹出的“选择叠加方式”对话框中选择“叠加平均”按钮，然后按“OK”按钮。

（3）在一通道的显示窗口基线上出现一根水平的绿色调试信号线后，用鼠标单击工具条上的“启动刺激”命令按钮，以启动数据采样。大约经过 2 秒钟后大脑皮质诱发电位的波形将显示在 1 通道的信号显示窗口中。

（4）根据信号窗口中显示的波形，再适当调整银球引导电极的位置或实验参数以获取最佳的实验效果。

（5）波形稳定后，用鼠标单击工具条上的“记录”命令按钮。

（6）不断启动刺激，以触发信号采样，并自动存储采样到的信号到硬盘中。

（7）用鼠标单击工具条上的“打印当前通道图形”命令按钮，打印结果。

（8）实验完成后，用鼠标选择工具条上的“停止”命令，取名存盘。

【注意事项】

1. 皮质保温非常重要，在剪开脑膜后，要经常更换温热液体石蜡。

2. 手术过程中要注意避免损伤皮质血管。

3. 引导电极接触皮质要松紧适度。

实验四十四 去小脑动物的观察

【目的和原理】

观察小白鼠脑损伤后对肌紧张和身体平衡等躯体运动的影响。

小脑是调节姿势和躯体运动的重要中枢。它接受来自运动器官、平衡器官和大脑皮质运动区的信息，发出传出信息，经丘脑至皮质运动区；经红核、下橄榄核至小脑，或经红核、脑干网状结构到脊髓，组成复杂的反馈环路，对躯体运动做精细的调节。小脑损伤后发生躯体运动障碍，主要表现为身体失衡、肌张力增强或减退及共济失调。

【实验对象】

小鼠。

【实验器材和药品】

手术刀、剪、探针、镊子、鼠板、20ml 烧杯、棉球、纱布、乙醚。

【实验步骤和观察项目】

1. 观察手术前正常小鼠的运动情况

2. 麻醉　将小鼠罩于烧杯内，然后放入一团浸透乙醚的棉球进行麻醉，至小鼠活动停止、呼吸变慢为止。注意不可麻醉过深，也不要完全密闭烧杯，以免麻醉和窒息致死。

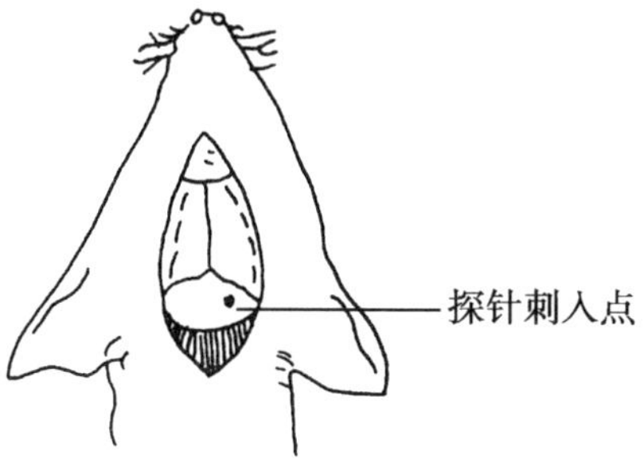

图 13－4　小鼠小脑毁损术的部位示意

3. 手术　将小鼠俯卧于鼠板上，用镊子提起头部皮肤，在两耳之间头正中横剪一小口，再沿头部正中线向前方剪开长约 1cm，向后剪至耳后缘水平；用左手拇指和示指捏住头部两侧，用手术刀柄将颈肌轻轻往后剥离，暴露顶间骨。通过透明的颅骨，可看到小脑位于顶间骨下方。参照图 13－4 所示的位置，在顶间骨一侧的正中，用探针垂直刺入，深约 1～2mm，再将针头稍作回转，可破坏这一侧小脑。如有出血，以棉球压迫止血。探针拔出后，用镊子将皮肤复位。小鼠从麻醉中苏醒后即可进行观察。

观察手术后小鼠的运动情况，可见运动失调，总是向伤侧的方向回屈，或围绕身体中轴向单方向旋转不停。注意其姿势不平衡现象和肢体肌紧张度的改变。

（吕　昆　陈　文）

第十四章　内分泌实验

实验四十五　肾上腺摘除动物的观察

【目的和原理】

肾上腺分皮质、髓质两部分。皮质分泌的激素其生理作用极为复杂，为维持机体生命所必需，并与水盐代谢和糖、蛋白质、脂肪代谢有关。因髓质功能类似交感神经的功能，切除动物肾上腺后，对机体影响较小，而皮质功能失调现象则迅速出现。

【实验对象】

大鼠（体重 120g 左右）。

【实验器材和药品】

外科手术器械一套、棉球、动物秤、大玻璃缸、秒表、乙醚。

【实验步骤和观察项目】

1. 肾上腺摘除对生命维持的影响

（1）选择雄性大鼠 15～30 只，分别记录体重，然后分为三组，每组 5～10 只。第一组动物保留肾上腺，做假手术对照。第二、三组则手术摘除双侧肾上腺。

（2）肾上腺摘除手术：用乙醚麻醉动物，取俯卧位，背部剪毛，在胸、椎交界处，沿背部正中线切开皮肤约 3cm，使动物先向右侧卧倒，用小剪刀轻轻沿左侧最后一根肋骨与脊柱之交点分离肌肉（注意避开该处附近的小动脉和静脉），随即用右手持大镊子撑开创口，左手持小弯镊子，将位于肾上面有脂肪组织包裹的粉黄色绿豆大小的肾上腺提出至伤口处，用右手持小弯钳分离，并在肾上腺下面将通至肾上腺的血管紧紧夹住，用线结扎，然后用小剪刀将肾上腺剪下。右侧肾上腺位置较高，使大鼠向左侧卧倒，用同样方法取出右侧肾上腺，随后缝合背部皮肤。

（3）术后第一、二组动物给清水作饮料。第三组动物则以盐水（10% NaCl）作饮料，并在同样环境下饲养。

（4）观察比较三组动物在一周之内体重变化、死亡率和食欲的差别。同时将三组动物术前和术后的体重变化及动物死亡率填于表 14－1。

注：如果动物在 6 日内死亡，那么“术后 6 日”格内注明死亡日期。

2. 去肾上腺后动物运动功能及应激功能的改变

（1）将体重和性别相同的大鼠分为两组。每组 6 只，其中一组动物保留肾上腺作为对照，一组切除肾上腺作为实验组。术后在同样条件下饲养，注意环境温度须保持在 20℃左右，食物、水分供应必须充足（去肾上腺动物供应盐水饮料），小心护理以防死亡。于示教前两日将盐水饮料改为清水饮料，两组大鼠均停止供食。

（2）实验时，将两组大鼠各取 3 只同时置于水温在 4℃以下的大玻璃缸内，大鼠即在水中游泳，开始计时，观察哪组大鼠先溺水下沉。当有一组全部溺水下沉时，记录时间，然后将动物同时从水中取出，观察溺水动物的恢复情况。自两组另取几只动物，比较两组动物的姿势、活动情况、肌肉紧张度的改变，结果填入表 14－2。

表 14-1 肾上腺摘除对生命维持的影响

组别 体重	对照组		去肾上腺+清水		去肾上腺+盐水	
	术前	术后 6 日	术前	术后 6 日	术前	术后 6 日
1						
2						
3						
4						
5						
6						
平均体重（g）						
死亡率						

表 14-2 肾上腺摘除对运动与应激功能的改变

观察项目 组别	姿势	活动情况	肌肉紧张	全组动物溺水下沉时间	溺水动物恢复情况

（刑乾乾）

第十五章　机能综合实验

实验四十六　动脉血压调节和失血性休克

本实验以动脉血压的调节为中心环节，综合了传统生理学、病理生理学和药理学的相关内容，通过电刺激、药物以及失血等方式对动脉血压调节的各个方面进行全面的观察，使同学对动脉血压的神经调节与体液调节都有比较深入的理解。本实验要求学生理解知识点之间的相互联系，强调不同学科知识的相互融合，力争做到知识严谨、融会贯通。

【实验目的】

1. 掌握动脉血压的神经和体液调节机制。

2. 建立失血性休克的动物模型并观察失血性休克过程中心脏、肾及微循环的变化。

3. 了解抢救失血性休克时扩充血容量的意义，在扩容基础上应用不同的血管活性药物治疗失血性休克，并进行疗效比较。

【实验原理】

心输出量和总外周阻力是影响动脉血压的两个重要因素。生理情况下，在血压的短期调节机制中，以神经系统参与为主，体液调节也发挥重要作用。本实验观察神经系统功能变化以及各种药物对动脉血压的影响。在失血性休克的发生过程中，急性循环障碍使组织血液灌流不足，以致各重要生命器官功能代谢发生严重障碍休克发生的关键环节是血压降低还是微循环功能障碍反映了人们对休克的不同认识。本实验分别应用不同的血管活性药物对失血性休克进行治疗。通过疗效比较，有助于对休克发生机制的正确认识。

【实验对象】

家兔（新西兰大白兔），1.5～2.5kg，雄性。

【实验器材和药品】

手术器械一套，BL－420F 生物信号记录仪，刺激电极，微循环观察装置，带三通针头的细塑料插管 2 个，输尿管插管 1 个，计滴装置，50ml、1ml 注射器各 1 支，10ml 注射器 2 支，20％乌拉坦溶液，0.3％肝素溶液，去甲肾上腺素针剂，多巴胺针剂。0.02g/L（0.002％）肾上腺素溶液，0.03g/L（0.003％）去甲肾上腺素溶液，0.01g/L（0.001％）异丙肾上腺素溶液，5g/L（0.5％）酚妥拉明溶液。

【实验步骤和观察项目】

1. 兔称重后背位交叉固定于手术台上，手术部位（颈部、一侧腹股沟部及腹部）剪毛。

2. 以 20％乌拉坦溶液耳缘静脉注射麻醉后，沿兔颈部正中皮肤做 6～8cm 切口，分离气管，再沿气管分离两侧颈总动脉、右侧颈外静脉、迷走神经和减压神经，分别穿线备用（颈总动脉与颈部神经被结缔组织连在一起，伴行神经中迷走神经最粗，交感神经较细，减压神经最细）。

3. 切开腹股沟皮肤，分离一侧股动脉和股静脉，穿线备用。

4. 在耻骨联合上剪毛，做腹部正中切口，长约 5cm。找出膀胱，排空尿液后，将膀胱从腹腔拉出，在背侧膀胱三角区找出双侧输尿管入口，分离双侧输尿管，插入输尿管导管并和 MacLab 仪相连，记录每分钟尿滴数。

5. 在右侧腹直肌旁做 6cm 长的纵行中腹部切口，钝性分离肌肉，打开腹腔后，找出一段游离度较大的小肠肠袢，轻轻从腹腔内拉出，放在微循环恒温灌流盒内，在显微镜下观察肠系膜微循环。

6. 自耳缘静脉按每千克 5ml 的剂量注入 0.3%肝素溶液抗凝血。股动脉及股静脉内分别插入其中充满肝素并带有三通针头的塑料插管，结扎固定。

7. 一侧颈总动脉和颈外静脉插管，分别通过压力换能器与 BL－420F 生物信号记录仪相连，记录血压和中心静脉压的变化。

8. 观察血压和中心静脉压正常值并记录血压曲线及心率，待血压稳定后，观察下述各种处理因素对血压及心率的影响（注意在进行每一项目前血压必须稳定，完成每一项目后待血压回复平衡，再进行下一项目）。

肾上腺素→去甲肾上腺素→异丙肾上腺素→酚妥拉明，5 分钟后→再次给予去甲肾上腺素→肾上腺素→异丙肾上腺素。

说明：给药体积均为 0.2ml/kg；每次给药后可注生理盐水，将无效腔内的药液注入静脉；每次给药待血压稳定后再给另一种药物。

（1）夹闭未插管侧颈总动脉，观察对血压和心率的影响。

（2）刺激一侧减压神经，观察对血压和心率的影响，双重结扎剪断后再分别刺激减压神经的中枢端和外周端，进行同样的观察。

（3）结扎并剪断一侧迷走神经，观察刺激迷走神经外周端对血压及心率的影响。

9. 另取一只家兔，自股动脉插管后，从股动脉放血入小烧杯中，待平均动脉压降至 5.32kPa（40mmHg）时停止放血，此时动脉血压如有所回升，可继续放血，若低于 5.32kPa，则将放出的血从股静脉适量回输，使血压基本维持于 5.32kPa 水平。注意观察中心静脉压、尿滴和微循环的变化。

10. 抢救分组

（1）对照组维持动脉血压于 5.32kPa 60 分钟后，自股静脉用注射器回输余血，5 分钟输完，输后 30 分钟再观察平均动脉压、中心静脉压、尿滴和微循环的变化。

（2）生理盐水扩容组维持动脉血压 5.32kPa 60 分钟后，自股静脉用注射器按每千克体重 15ml 的剂量回输余血和生理盐水，5 分钟内输完，再观察 30 分钟。

（3）去甲肾上腺素组维持动脉血压 5.32kPa 60 分钟后，自股静脉用注射器回输余血和其中含有去甲肾上腺素（0.25mg/kg）的生理盐水（15ml/kg），10 分钟内输完，再观察 30 分钟。

（4）多巴胺维持动脉血压于 5.32kPa 60 分钟后，自股静脉用注射器回输余血和其中含有多巴胺（0.2mg/kg）的生理盐水（15ml/kg），10 分钟内输完，再观察 30 分钟。分析比较各组实验结果。

【思考题】

1. 夹闭颈总动脉后血压和心率会发生什么变化？为什么？

2. 从实验中是否可以证明减压神经是影响血压的传入神经？其感受器在哪里？

3. 试比较夹闭颈总动脉、刺激迷走神经和减压神经对血压的影响（包括变化的潜伏期、变化速度、持续时间及回复速度）有什么不同？原因何在？

4. 如果剪断双侧颈迷走神经，对血压和心率有无影响？剪断后再刺激减压神经中枢端，其结果与剪断前是否完全相同？为什么？

5. 大量失血是如何引起休克发生的？

6. 本实验复制的失血性休克处于休克的哪一期？如何判断？

7. 如何设计其他类型休克的动物实验模型？

8. 失血性休克家兔进入休克期，微循环和尿量发生哪些变化？为什么？

9. 休克发生后，心脏、脑、肾和肺等器官功能发生哪些变化？

10. 失血性休克抢救过程中，除将余血回输后，为什么还要补充生理盐水？

11. 检测中心静脉压的变化在休克抢救过程中有何意义？

12. 在补充血容量的基础上，应用多巴胺和去甲肾上腺素治疗失血性休克有何利弊？

13. 比较肾上腺素、去甲肾上腺素、异丙肾上腺素对血压的作用：分析酚妥拉明对这三种药物作用的影响。

【注意事项】

1. 因本次实验手术部位多、创伤大，肠系膜微循环和尿量的观察可分组进行。

2. 应适当掌握麻醉程度，如麻醉过浅，动物疼痛，可致神经源性休克。

3. 手术中应防止损伤血管，以免大出血而影响实验结果。

4. 牵拉肠管时动作要轻，避免反射性地血压降低。

5. 血管插管固定要牢靠，防止家兔挣扎时引起血管脱落。

6. 休克过程中须维持动脉血压在 5.32kPa，如有波动应随时注意调整血压。

7. 通过恒温装置自动给肠系膜循环 38℃的生理盐水，以防肠系膜干燥影响血供。

8. 自股静脉回输血液和生理盐水时，应避免将气体注入，防止气体栓塞发生。

9. 严格掌握输液速度，必须按规定时间输完。

10. 严格按照动物的体重计算给药量，注意观察给药后动物血压的变化情况，如果血压下降非常严重，应立即采取有效的抢救方法，如静脉回输血液、补充生理盐水扩充血容量等。

［附录］

肠系膜微循环观察

1. 向恒温灌流盒内内注入 38～40℃的生理盐水，启动恒温加热装置。

2. 选择一段游离度较大的小肠肠袢，从腹腔轻轻拉出后，放入恒温灌流盒的小浴槽内，使肠系膜均匀平铺在有机玻璃凸行观察环上，压上固定片，调整灌流液高度，使液面刚好覆盖过肠系膜，用透射光在生物显微镜下观察。

3. 选好视野，分清肠系膜各种血管，包括动脉、静脉和毛细血管（仅能通过一个红细胞的微血管）。观察血流速度、血管口径及视野下某一固定区域内毛细血管袢数目，找出标记血管，以便固定视野做动态观察。

（刘慧霞　闫长虹　闫秀英）

实验设计

实验设计的目的

使学生通过对实验命题的设计，熟悉进行实验验证所必需的基本要求与一般程序，并很好地运用其所学的基本知识与实验方法，以达到训练其解决实际问题的能力，进一步促进其科学的思维活动。

实验设计的具体进行步骤

一、生理学实验设计的基本原理

1. 设立对照组或对照实验。在生理学实验中设置对照组或对照实验是设计的基本原则之一。如果在同一个体或群体（组）无法进行对照实验时，则最好在同一个体或群体分别进行对照实验与检验性实验。对照组与实验组或对照实验与检验性实验的所有其他条件应当都相同，只是欲检验的其一种因素不同。在这样的情况下才能显示出欲检验因素对实验结果的影响。

2. 在实验中欲检验因素本身条件必须前后一致（例如实验所用的刺激强度，药物的剂量、剂型、批号等），不能在实验过程中随意变更，否则可能会有未受控制的因素干扰实验结果。这样会造成“假象”和分析实验结果上的困难。

3. 要注意观察实验的全过程。要从每一次未引进欲检因素之前的基础功能水平，一直观察到加入欲检因素之后产生变化的终结，或从撤除检验因素后直至其功能恢复到正常为止，都不能终止观察（对于缓慢的变化可以做定时的或有规律的观察、记录直到恢复正常）。特别要注意实验中的变化过程。要精确记录加入欲检验因素的时间、出现变化的时间以及恢复到正常水平的时间。

4. 注意实验的可重复性。任何实验不能仅进行一次便作为正式结果。无论是定性或定量性实验，都必须要有足够的实验次数，才能判定结果的可靠性。如果是定性实验，虽然变化程度有大有小，如果各次结果一致，则重复的次数可少些。否则实验必须有一定数量，并对实验结果进行统计学处理，这样才能判定实验结果变化有无显著意义。

5. 要有明确的判定实验效果的标准。实验结果有无变异，变异是否有显著意义，必须有客观的、严格的标准，不能有丝毫主观、模棱两可的因素。如果实验结果是描记的曲线，则曲线必须附有纵、横坐标的标尺。

6. 要注意尽可能地从多方面进行同样的实验，若能得到相同的结论，则这样的结论才具有普遍意义，而且是可信的。例如检查某一神经因素的作用，不仅用刺激的方法，也可用切断、拮抗药物、受体阻断等方法加以证明。

7. 要对实验数据进行统计学处理，要理解均数、标准误、标准差的含义及如何判别组间结果的变异显著性等。达到具有初步应用最基本的统计学方法处理资料的能力。

二、学生讨论实验内容（可分组进行）并写出设计书

在学生了解实验设计的基本要求之后，由学生自己提出课题或教师提出设计课题。若是教师提交课题，则课题内容不能超过学生所学过的理论知识和实验方法。题目应尽量明确，项目不宜过多（因受时间限制），但在观察、实验方面力求操作正规、精确、仔细，以培养学生严格的工作作风。

学生讨论的内容应当包括：设计的理论根据、拟采用的方法、实验项目或观察内容、指标，每一步实验可能出现的结果等，书写成文后送交教师审批。

除非学生的讨论偏离了课题，或者争论不休时，教师不要施加“暗示”或干涉。这样利于学生发挥其智慧与才能。教师审批设计报告时要注意设计在理论上是否正确，方法上是否恰当，采取的步骤符合不符合逻辑以及在本实验室条件下是否可行。如果教师要更改设计书，必须向学生讲明更改原因。

三、实验操作

学生自己主持进行实验操作，做好观察、记录、实验资料的收集并对实验结果进行处理、分析。最后写出完整的实验报告。教师在实验中只是为了及时防止由于学生操作上的不熟练而可能造成整个实验失败时才略加指点，但不能包办代替学生操作。

课题举例

1. 证明迷走神经对心脏活动的紧张性作用。
2. 试证明神经干动作电位的产生与 Na^+ 的关系。
3. 试证明一种对平滑肌活动有兴奋作用的未知溶液的性质。

（李　琳）

附　录

表 1　常用非挥发性麻醉药的用法及剂量表

麻醉药名	动物	给药途径	给药剂量/(mg/kg)	常配浓度(%)	给药量/(ml/kg)	维持时间
戊巴比妥钠	狗、猫、兔	静脉、腹腔	30	3	1.0	2～4h、中途加 1/5 量可维持 1h 以上，麻醉力强，易抑制，呼吸变慢
		皮下	40～50	3	1.4～1.7	
	豚鼠	腹腔	40～50	2	2.0～2.5	
	大、小鼠	腹腔	45	2	2.3	
氨基甲酸乙酯（乌拉坦）	狗、猫、兔	腹腔、静脉	750～1000	30	2.5～3.3	2～4h，应用安全，毒性小，更适用于小动物麻醉
		直肠	1500	30	5.0	
	豚鼠、大小鼠	肌肉	1350	20	7.0	
	蛙类	皮下淋巴	2000 400～600mg/只	20	2～3ml/只	
硫喷妥钠	狗、猫、兔	静脉、腹腔	25～50	2	1.3～2.5	15～30min，麻醉力最强，注射宜慢，维持剂量按情况掌握
	大白鼠	静脉、腹腔	50～100	1	5.0～10.0	
水合氯醛	狗、猫	灌胃	250	10	2.5	1.5～3h
		静脉	80～100	10	0.8～1.0	
		腹腔	100～150	10	1.0～1.5	
	兔	灌胃	500	10	5.0	
		直肠	1000	5	20.0	
		静脉	50～75	5	1.0～1.5	
巴比妥钠	狗	静脉	225	20	1.1	4～6h，麻醉诱导期较长，深度不易控制
	猫	腹腔	200	5	4.0	
		口服	400	10	4.0	
	兔	腹腔	200	5	4.0	
	鼠类	皮下	200	2	10	
氯醛糖	兔以下的小动物	静脉	50	2	2.5	抑制呼吸及血管中枢作用小，麻醉 3～4h，诱导期作用不明显
		腹腔	50	2	2.5	
盐酸吗啡（与乙醚配合用）	狗	皮下	8～10	1	0.9～1.0	麻醉程度轻，适合一般机能实验
		腹腔	8	1	0.8	

表 2 常用生理盐溶液的成分及配制

药品名称	任氏溶液	乐氏溶液	台氏液	生理盐水	
	用于两栖类/g	用于哺乳类/g	用于哺乳类(小肠)/g	两栖类/g	哺乳类/g
氯化钠($NaCl$)	6.5	9.0	8.0	6.5	9.0
氯化钾 (KCl)	0.14	0.42	0.2	-	-
氯化钙 ($CaCl_2$)	0.12	0.24	0.2	-	-
碳酸氢钠 ($NaHCO_3$)	0.20	0.1～0.3	1.0	-	-
磷酸二氢钠 (NaH_2PO_4)	0.01	—	0.05	-	-
氯化镁 ($MgCl_2$)	-	-	0.1	-	-
葡萄糖	2.0g	1.0～2.5g	1.0g	-	-
加蒸馏水至	1000ml	1000ml	1000ml	1000ml	1000ml

配制生理盐溶液的方法，是先将各成分分别配成一定浓度的基础溶液（见表 3）。然后按表所载分量混合之。

表 3 各种生理盐溶液的配制

成 分	浓度（%）	任氏溶液（ml）	乐氏溶液（ml）	台氏溶液（ml）
氯化钠（$NaCl$）	20	32.5	45.0	40.0
氯化钾（KCl）	10	1.4	4.2	2.0
氯化钙（$CaCl_2$）	10	1.2	2.4	2.0
磷酸二氢钠（NaH_2PO_4）	1	1.0	—	5.0
氯化镁（$MgCl_2$）	5	—	—	2.0
碳酸氢钠（$NaHCO_3$）	5	4.0	2.0	20.0
葡萄糖		2.0g（可不加）	1.0～2.5g	1.0g
加蒸馏水至		1000ml	1000ml	1000ml

实验常用动物的选择及主要生理常数

一、狗

狗的视觉、听觉、嗅觉皆敏锐，同时具有较发达的血液循环和神经系统，以及基本上和人相似的消化过程，是目前教学和科研工作中最广泛应用的动物之一。特别是在进行血液循环、消化和神经活动的研究中，狗的应用就更有其重要意义。

（一）性别、年龄的鉴定

1. 性别的鉴定方法　狗等大动物的性别鉴别方法极为容易，只需观察暴露在动物体外的生殖器官的外形就可以分辨其雌雄。

2. 年龄的鉴定方法　狗的年龄主要以牙齿生长情况、磨损程度、外形颜色来判断。

狗的年龄与牙齿特点的关系

年龄	牙齿特点
2～3 周	仅有乳齿
2～6 周	有切齿及犬齿
5～8 周	生齿换恒齿
8 月以后	全部恒齿长成
1 岁	牙齿齐全，纯白有光泽
2 岁	下切齿尖消失，牙白色
3 岁	中切齿尖消失，牙白色
4 岁	上齿尖消失
5 岁	上中齿发黄
10～12 岁	牙冠全部磨损

（二）对实验狗的健康要求和选择方法

1. 健康要求　根据实验目的和动物实验情况，尽量选择具备以下条件的动物进行实验：

（1）强壮活泼，体重在 10～15 千克左右。

（2）体型稍呈长圆形，长短高度适中，脊背平直，站立时前腿直，自背后观察全身呈一直线。

（3）肌肉结实，四肢关节无肿大，毛有光泽，紧贴全身，没有咬伤和其他伤痕。

（4）食欲良好，无拉稀、便血和尿血现象。

（5）性情应温和，有精神，尾应自然竖立起。

2. 实验狗的选择

（1）神经类型选择：一般慢性实验狗可选用活泼、均衡型的。胆小、畏怯或兴奋的易造成神经官能症。

（2）毛色的选择：最好不选白毛狗作慢性实验或外科手术用，因其抵抗力较差。黑色及黄色狗较易耐受慢性实验。

（3）做造瘘外科手术最好选择短毛雌性狗，颅脑实验宜选择颅底平坦、短嘴的狗。如肝胆手术选择胸宽的狗。

（三）一般正常生理指标

体重：8～15 千克

寿命：10～15 年

性成熟：10～12 个月

体温：37.5～39.7℃（直肠温度）

心跳频率：80～120 次/分

呼吸频率：10～30 次/分

血压：16～18.6kPa（颈动脉），13.3～16kPa（股动脉）

二、家猫

在生理实验中常用猫进行神经系统和循环系统的实验。用猫作针刺麻醉的实验研究，效果也很理想。

一般生理指标：

体重：2～3 千克

寿命：8～10 年

性成熟：10～12 个月

体温：38.0～39.5℃（直肠温度）

心跳频率：120～140 次/分

呼吸频率：20～30 次/分

血压：16～20kPa（颈动脉压）

总血量：占体重的 6.2%

三、家兔

家兔是实验室中较常用的一种动物，常用以代替狗进行各种实验。家兔对一般疾病抵抗力大，性情柔顺、懦怯安静。常用来做直接记录血压呼吸等急性实验。可以进行卵巢、胰岛等内分泌实验。家兔的心脏是观察药物对哺乳类心脏的直接作用较合适的标本。同时在细菌学免疫、病毒等实验方面也常用家兔。

（一）性别、年龄的鉴别

1. 性别的鉴定方法　将动物头朝后轻轻夹在实验者的左侧腋窝下，左手按住动物腰背部，右手拉开尾巴并将尾巴夹在中指和无名指中间，然后用拇指和示指稍稍把生殖器附近的皮肤扒开。若是雄兔，可见到在一圆孔中露出圆锥形稍向下弯曲的阴茎（幼年雄兔只见有凸起物，即是阴茎）；雌兔则为一条朝向尾部的长缝，呈椭圆形的间隙。此间隙越向下越窄，此即为阴道开口，雌兔有乳头。

2. 年龄的鉴别方法　家兔年龄的判定主要靠观察指爪和牙齿。白色幼年家兔的指爪呈白色，爪根部呈粉红色，隐在腿毛之中，随年龄的增长而露于腿毛之外。一年的家兔指爪红色与白色的长度相等；一年以下红多于白；一年以上白多于红。老家兔指爪增长而弯曲，色黄。深色兔的爪呈暗褐色。

根据家兔的体重也可大致判定它们的年龄。

白色大耳兔年龄（日岁）与体重间的关系

年龄（天数）	雄性体重（克）	雌性体重（克）
120	2380	2370
150	2650	2880
180	2890	3150
210	3200	3510
240	3400	3990
270	3500	4240
300	3630	4380
330	3660	4460
360	3720	4550

（二）健康要求和选择方法

1. 健康要求

（1）双耳竖起，耳静脉明显，眼睛有神，无分泌物。

（2）体格丰满，肥胖适中，体重在 1.8～2.5 千克。

（3）被毛有光泽，不脱毛，毛紧贴身体，体表无伤口。

（4）鼻孔干净，没有分泌物。肛门干净，不拉稀。

（5）运动活泼，反应灵敏。

2. 选择方法

（1）观察血管反应，进行静脉注射等实验时应选用白色短毛大耳家兔。

（2）家兔的毛色以青灰色者抗病力强，此种家兔身体青灰色，腹腿内侧为白色，眼、爪黑褐色。

（3）做生殖、泌尿实验时常选用雌兔。

（三）一般正常生理指标

体重：1.5～3.0 千克

寿命：4～8 年

性成熟：5～8 个月

体温：38.5～39.7℃（直肠温度）

心跳频率：120～150 次/分

呼吸频率：50～80 次/分

血压：13.3～17.3kPa（颈动脉压）

总血量：占体重的 8.7（7～10）%或 1/10～1/15

四、蟾蜍和青蛙

（一）性别的鉴定方法

性别的鉴定方法是用右手拇指示指捏住躯干两侧提起时，雄的通常会发出叫声，雌的不会叫。另外，可观察动物前肢拇指和示指蹼上有无棕黑色的小突起，此种突起叫婚垫。如有此种婚垫者为雄的，没有就是雌的。将动物提起时，前肢作环抱状的是雄性；前肢呈伸直状的为雌性。

（二）一般正常生理指标

体重：200～300 克

寿命：6～7 年

体温：冷血动物

心跳频率：36～70 次/分

呼吸频率：不定

血压：4～8kPa（颈动脉压）

总血量：占体重的 5%

五、豚鼠（荷兰猪）

（一）性别、年龄的鉴定

1. 性别鉴定的方法　用一手抓住动物颈部，另一手扒开靠生殖器孔的皮肤。雄性动物在圆孔露出性器官的突起，而雌性动物则显出三角间隙。成年雌性有乳头两个。

2. 年龄的鉴别方法　一般老年豚鼠牙齿和爪较长，被毛稀疏无光泽，眼睛蒙眬，行动迟缓。而年轻豚鼠牙齿短白，爪短软，眼睛圆亮行动活泼，被毛有光泽，且紧贴身体。

另外可根据豚鼠体重来帮助判断其年龄：

年龄	体重（g）	
	雄	雌
初生	55	80
1 周	100	120
1 个月	150	200
2 个月	200	280
3 个月	300	350
4 个月	300	400
6 个月	450	500
1 年	750	800

（二）健康要求和选择方法

1. 健康要求

（1）体格发育良好，全身结构匀称，结实。肌肉丰满，四肢有力，背平直不下陷。

（2）毛光泽，不蓬乱，紧贴全身。

（3）活泼、敏捷。

2. 选择方法

（1）一般实验用豚鼠应选短毛豚鼠。因其生长迅速，抗病能力强。

（2）应尽量选用杂色豚鼠。白色不如杂色的强壮。

（三）一般正常生理指标

体重：300～600 克

寿命：6～8 年

性成熟：6 个月

体温：38.6（37.8～39.5）℃（直肠温度）

心跳频率：230～350 次/分

呼吸频率：100～150 次/分

血压：10～16kPa（颈动脉压）

总血量：占体重的 6.4%，约 1/20 左右

六、大白鼠

（一）性别、年龄的鉴定

1. 性别鉴定方法　主要靠观察动物肛门与生殖器之间距离远近来区分。距离远的为雄性，近的为雌性。同时雌鼠可见到性器官部位有开孔（阴道口）和明显的乳头。天热时雄鼠

的睾丸常离开腹腔降到阴囊内，极易鉴别。

2. 年龄的鉴定方法 根据体重来鉴定动物大致的年龄。

体重（g）	年龄（天）
40	40
80	60
130	80
165	100
196	120
216	140
228	160
240	180
250	200
290	320

（二）一般正常生理指标

体重：180～250 克

寿命：3～4 年

性成熟：2～3 个月

体温：39（38.5～39.5)℃（直肠温度）

心跳频率：200～360 次/分

呼吸频率：100～150 次/分

血压：13.3～16kPa（颈动脉压）

总血量：占体重的 7.4%

七、小白鼠

（一）性别、年龄的鉴定

1. 性别鉴定方法 同大白鼠的性别鉴定方法。

2. 年龄的鉴定方法 一般可按照动物的体重来鉴定。

（二）健康要求

1. 肌肉健壮有力，背毛浓密有光泽，紧贴身体，呈乳白色。

2. 眼睛鲜红而有精神。

3. 四肢短，运动快速有力；尾巴圆润，长度适中并有发育良好的血管。呈粉红色。

4. 全身无肿大或溃烂。

5. 粪粒正常（不拉稀，不带黏液）。

（三）一般正常生理指标

体重：20～30 克

寿命：2～3 年

性成熟：2～3 个月

体温：38（37～39)℃（直肠温度）

心跳频率：520～780 次/分

呼吸频率：136～216 次/分

血压：12.6～16.7kPa（颈动脉压）

总血量：占体重的 8.3%

年龄（天）	体重（g）
10	4
20	8
30	14
40	18
50	22
60	24
70	25
80	27
90	28
100	30
120	30

胶泥、骨蜡的配制

（一）胶泥的配制方法

材料：大白粉（白陶土）50 份、凡士林 15～18 份，蜂蜡 1～7 份，松节油 2 份。

配制步骤：取大白粉细粉置于蒸发皿内，加热至 100℃时搅拌，使水分完全蒸发。另外取蒸发皿一个，将凡士林和蜂蜡熔融，滴入松节油，搅匀；趁热将干燥的大白粉加入熔融混合物中，随加随搅，充分混匀，至冷凝即可。

（二）骨蜡的配制方法

材料：凡士林 165 克、蜂蜡 335 克、松香粉 100 克。

配制步骤：取凡士林和蜂蜡放在蒸发皿内加热，等完全熔化后，加松香粉，用玻璃棒慢慢搅拌，待松香粉完全熔化后即停止加热，冷却后为黏性的半固体骨蜡。

（刘卫东）